本书得到了“乡村振兴战略下‘三农’融合出版探索”项目的资助

扫码看视频·病虫害绿色防控系列

枇杷病虫害绿色防控彩色图谱

全国农业技术推广服务中心　组编
张　斌　夏忠敏　主编

中国农业出版社
北　京

图书在版编目（CIP）数据

枇杷病虫害绿色防控彩色图谱/张斌，夏忠敏主编. —北京：中国农业出版社，2022.6
（扫码看视频·病虫害绿色防控系列）
ISBN 978-7-109-29440-0

Ⅰ.①枇…　Ⅱ.①张…②夏…　Ⅲ.①枇杷–病虫害防治–图谱　Ⅳ.①S436.67-64

中国版本图书馆CIP数据核字（2022）第087376号

PIPA BINGCHONGHAI LüSE FANGKONG CAISE TUPU

中国农业出版社出版
地址：北京市朝阳区麦子店街18号楼
邮编：100125
责任编辑：郭晨茜
版式设计：郭晨茜　　责任校对：沙凯霖　　责任印制：王　宏
印刷：北京通州皇家印刷厂
版次：2022年6月第1版
印次：2022年6月北京第1次印刷
发行：新华书店北京发行所
开本：880mm × 1230mm　1/32
印张：5.25
字数：150千字
定价：38.00元

编委会
EDITORIAL BOARD

编写单位和人员：

全国农业技术推广服务中心：任彬元

贵州省农业农村厅：夏忠敏

贵州省植保植检站：雷　强　谈孝凤　吴　琼

贵阳市乡村振兴服务中心：张　斌　耿　坤　曲德鹏
兰　海　李慧雯

贵阳市果树技术推广站：李　涛

贵阳生产力促进中心：朱熠鹏

山东省烟台市农业科学研究院：陈　敏

开阳县植保植检站：任明国

正安县茶竹产业发展中心：杨　进

黔东南州植物保护技术服务站：范刚强

贵安新区高峰镇农业服务中心：王培官

息烽县农业经营管理站：陈　楠

罗甸县农业综合技术服务中心：王凤梅

前 言
PREFACE

枇杷（*Eriobotrya japonica*）原产中国东南部，别称金丸、芦枝，蔷薇科枇杷属植物。成熟的枇杷味道甜美，营养颇丰，含有各种果糖、葡萄糖、钾、磷、铁、钙以及多种维生素等，其胡萝卜素含量在各水果中位列第三；枇杷亦是一种中药材，不论是叶、果和核都含有扁桃苷，有润肺、清热、止咳、止渴、化痰的功效，如与其他药材制成的“川贝枇杷膏”，深受广大消费者青睐，经济效益显著。我国甘肃、陕西、河南、江苏、安徽、浙江、江西、湖北、湖南、四川、云南、贵州、广西、广东、福建、台湾等省份均有种植，已成为区域性农村经济发展和致富的重要产业。

随着枇杷种植面积的扩大和种植年限的增长，枇杷灰斑病、中国梨木虱等有害生物为害日益严重，成为制约枇杷产业高质量发展的主要障碍之一。在病虫害防控工作中，病虫害识别等相关知识的缺乏以及长期依赖单一的化学防治已成为种植区普遍存在的现象，不仅导致农药使用次数的增加、病虫害抗性增强、枇杷产品品质降低，还易引发安全隐患。2015年3月，国家提出了“到2020年农药化肥使用量零增长行动”，全面提升农产品质量安全，在此背景下，科学开展枇杷病虫害绿色防控对于枇杷产业的可持续发展具有重要的意义。

自2007年始至今，编者团队先后参加了“贵阳市特色果业关键技术研究与示范”（筑科农字〔2007〕17号）、贵州省科技计划项目“枇杷病虫害绿色防控技术研究及推广应用”（黔科合NY字〔2012〕3059号）、“果树病虫害绿色防控技术集成应用”（筑财农〔2014—2020〕）等多个项目的相关研究工作，一直关注并从事枇杷生产上病虫害的调查研究，多年观察记录贵州枇杷病虫害发生情况及病虫特征，并多次赴福建、江苏、四川等枇杷主栽省考察与交流，经过10余年资料积累，编撰了本书。本书主要分为病害、虫害、绿色防控技术三部分。纵观全书，有三个特点：

一、在编撰过程中，对病虫害种类未贪大务全，而是编录了国内枇杷植株上普遍发生或是在局部区域呈重大危害的病虫害，这些病虫害发生时若不治理将造成较大损失，如病害部分重点选取了灰斑病、炭疽病、花腐病等18种侵染性病害，皱果病、尖焦叶枯病等6种非侵染性病害；在虫害部分，重点选取了中国梨木虱、黑刺粉虱等35种虫害；其他生物种类对枇杷生产影响在经济阈值之内，本次暂不列入。

二、在防控措施部分，始终贯穿绿色防控理念，包括植物检疫、农业防治、生物防治、理化诱控、生态调控等多种绿色植保措施；在化学防治方面，全面推荐高效、低毒、低残留的化学药剂和高效、低容量、环保型药械，力求全面反映国内外最新研究成果和实用新技术，最后编排了枇杷生产管理月历，便于果农查阅。这些措施的组合运用将有效提升防控效果，最大限度地减少化学农药的使用，确保产业可持续发展。

三、在编撰过程中，本书采用文字和图片相结合的方式，在文字描述方面，对每种病虫害都介绍了其分类、形态特征、侵染循环（生活史）、防治技术等，力求全面、通俗、易操作，并配病虫原色图片300余幅。

在枇杷病虫害调查过程中，得到了开阳县植保植检站、荔波县植保植检站、修文县植保植检站、开阳县南江乡醉美水果种植农民专业合作社等多家基层单位的支持；在书稿编撰过程中得到了山西农业大学果树研究所赵龙龙副研究员，贵州大学邢济春、赵志博、陈相儒，贵阳市农业试验中心杨勇胜等多位老师的悉心指导和帮助，同时贵州霖星文化传播有限公司刘雯女士帮助制作了病害侵染循环示意图，在此谨致以诚挚的谢意！同时，向被引用图表、文献的作者表示衷心感谢！

本书的撰写虽然倾注我们大量的精力，但鉴于我们知识水平有限，书中难免存在错漏等诸多不足之处，恳请专家、同行及广大读者批评指正，以便进一步修订、完善。

2022年3月于贵阳

编　者

目录
CONTENTS

PART 3　绿色防控技术

说明：本书文字内容编写及视频制作时间不同步，两者若有表述不一致，以文字内容为准。

PART 1

病　害

枇杷灰斑病

田间症状 主要为害叶片，也可为害果实。叶部病斑初期呈黄色褪绿小点，逐渐扩大成淡褐色圆形病斑，后渐变为灰白色或灰黄色。病斑边缘明显，有较窄的黑褐色环带，中央呈灰白色至灰黄色，其上散生粗而稀疏的小黑点（分生孢子盘）。后期病斑继续扩大，病斑常融合成不规则的大斑块。

枇杷灰斑病

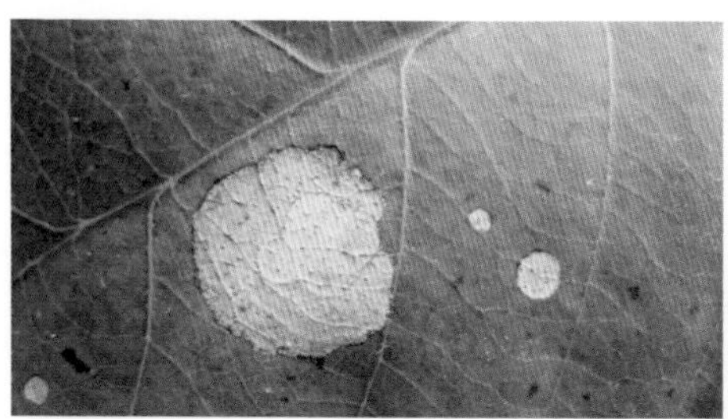
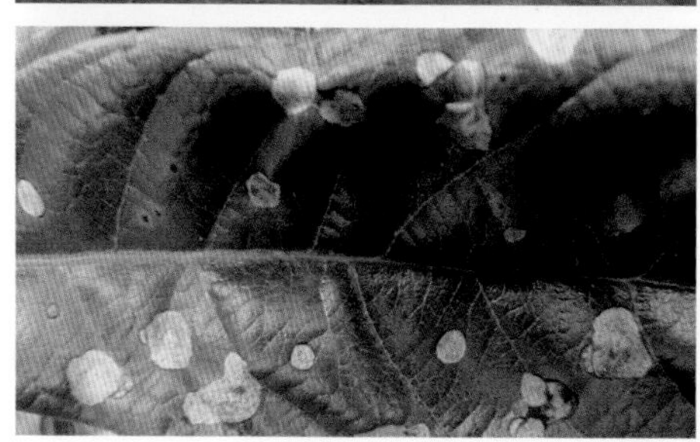

叶部初期症状

叶部后期症状

分生孢子器

果实上的病斑

发生特点

病害类型	真菌性病害
病　　原	枇杷叶拟盘多毛孢［*Pestalotiopsis eriobotryfolia*（Guba）Chen et Cao］，属子囊菌门、黑盘孢目、拟盘多毛孢科、拟盘多毛孢属 分生孢子与分生孢子盘
越冬场所	病菌以分生孢子器、分子孢子盘、分生孢子或菌丝体在病叶或病果等残体上越冬
传播途径	气流或雨水传播

（续）

发病原因	春、夏、秋梢都会染病，以春梢受害最重。春季雨水多，田间湿度大，土壤肥力差的果园发病重；土壤瘠薄、树势衰弱、树龄长的果园易发病；多雨及温暖季节，土壤排水不良，容易发病。秋后至冬季，凡受过严重病害侵染的叶片大多会脱落，受害轻的仍会留在树上，它们共同成为次年的初侵染源。无论叶片或果实，受过日光灼伤的部位或是因风害发生擦伤的部位都易感染该病
病害循环	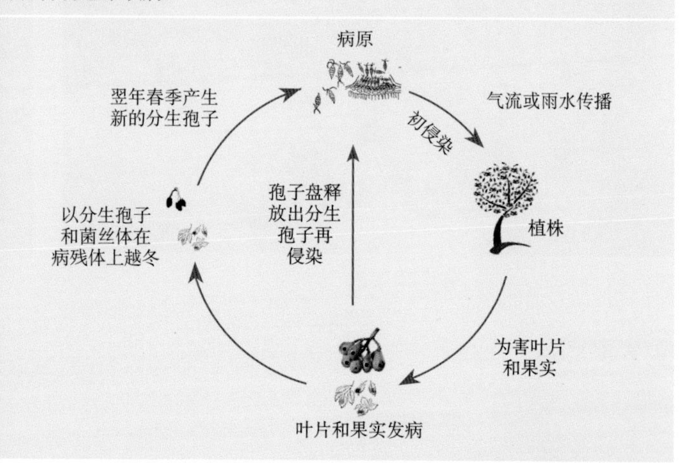

防治适期 始病期。

防治措施

（1）**农业防治** ①加强果园管理，增施肥料，促使树势生长健壮，提高抗病力。②及时清除落叶，剪除病枝、病叶等，集中烧毁。

（2）**化学防治** ①在新生叶长出后，可喷施80%代森锰锌可湿性粉剂600倍液、70%丙森锌可湿性粉剂600倍液或78%波尔·锰锌可湿性粉剂600倍液。②在发病初期可喷施75%肟菌·戊唑醇水分散粒剂3 000倍液、24%腈苯唑悬浮剂3 000倍液或43%戊唑醇悬浮剂2 500倍液。

枇杷圆斑病

田间症状 仅为害叶片，病斑初期为赤褐色小点，后逐渐扩大，近圆形，中央灰黄色，外缘赤褐色，后期中央灰色，多个病斑愈合后呈不规则形，后期病斑上生有较细密的小黑点（分生孢子盘），有时排列呈轮纹状。

叶部症状

发生特点

病害类型	真菌性病害
病　　原	枇杷叶点霉菌（*Phyllosticta eriobatryae* Thuem），属子囊菌门、叶点霉属
越冬场所	参照枇杷灰斑病
传播途径	参照枇杷灰斑病
发病原因	参照枇杷灰斑病

防治适期 参照枇杷灰斑病。

防治措施 参照枇杷灰斑病。

枇杷圆斑病

枇杷角斑病

田间症状 仅为害叶片，发病初期产生褐色斑点，之后病斑沿叶脉扩大，呈不规则形，赤褐色，边缘红褐色，病健部常有黄色晕环，后期病斑中央稍褪色，长出黑色霉状小粒点，病斑直径4～10毫米，叶两面着生灰色霉状颗粒（分生孢子盘）。

叶部症状

发生特点

病害类型	真菌性病害
病　原	枇杷尾孢菌［*Cercospora eriobortryae* (Enjuji) Sawada］，属子囊菌门、尾孢属 分生孢子和分生孢子盘
越冬场所	参照枇杷灰斑病
传播途径	参照枇杷灰斑病
发病原因	参照枇杷灰斑病

防治适期 参照枇杷灰斑病。

防治措施 参照枇杷灰斑病。

枇杷胡麻叶斑病

田间症状 主要为害叶片，叶片受害初期，病斑中央出现黑紫色小点（分生孢子盘），逐渐形成直径3 ~ 9毫米、周围红紫色、中央灰白色的病斑。苗木叶部易发生，发病初期在叶正面生暗紫色、边缘紫赤色的圆形病斑，后逐渐变为灰色或灰白色，并于病斑中央散生黑色小粒点。病斑大小1 ~ 3毫米，初表面平滑，后略粗糙。叶背面病斑淡黄色，多个病斑可愈合成不规则大病斑，致使叶片枯死，病叶干枯挂树上，叶脉上的病斑为纺锤形。该病除为害叶片外，还可为害果实，果实受害后症状与叶片相似。

叶部症状

发生特点

病害类型	真菌性病害
病　　原	枇杷虫形孢菌（*Entomosporium eriobotryae* Takimoto），属子囊菌门、虫形孢属 分生孢子和分生孢子盘

（续）

越冬场所	参照枇杷灰斑病
传播途径	参照枇杷灰斑病
发病原因	参照枇杷灰斑病

防治适期 参照枇杷灰斑病。

防治措施 参照枇杷灰斑病。

温馨提示

枇杷叶斑病主要包括灰斑病、圆斑病、角斑病、胡麻叶斑病，均属于真菌性病害。发病时，造成早期落叶，使植株生长衰弱，影响新梢抽发，甚至导致枝干枯死，其中灰斑病还可为害果实，常引起果实腐烂，对枇杷产量和品质影响较大。

枇杷炭疽病

枇杷炭疽病是枇杷上发病最严重的病害之一，主要为害果实，尤其是果实成熟前连遇阴雨，果实常严重发病而造成大量腐烂脱落，有的年份叶和嫩梢也受害严重。该病不仅影响枇杷产量，而且影响品质，也是制约果实采后贮藏和长途运输的主要因素。

田间症状 主要为害果实，其次是叶片、幼苗。叶片受害后出现近圆形的病斑，中央灰白色，湿度大时有小黑点（分生孢子盘），边缘暗褐色，病健部明显，发生严重时，多个病斑融合在一起形成大病斑。叶柄与叶片交界处的叶柄也易染病，病症的初期表现是出现暗绿色小点，之后会逐渐发展成不规则的褐色至黑褐色长条形病斑，发病后期在病害部位常常密生小黑点，即病原菌的分生孢子盘。幼苗受害后，会导致叶片脱落，甚至会全株枯死。果实发病初期，表面产生淡褐色水渍状圆形病斑，逐渐干缩凹陷，表面密生小黑点（分生孢子盘），形成同心轮状纹，湿度大时，病斑

表面溢出粉红色黏物（分生孢子团）；病斑继续发展，常数个病斑连成大病斑，天气潮湿时会有粉红色黏物溢出，蔓延至整个果实，致使全果腐烂呈暗褐色或干缩成僵果。

枇杷炭疽病

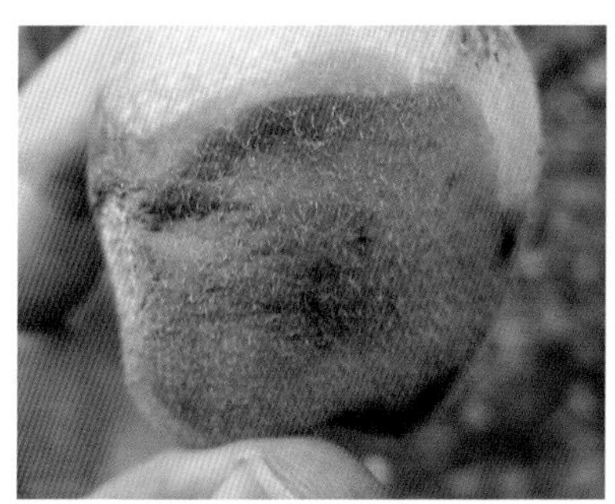

果实症状

僵果

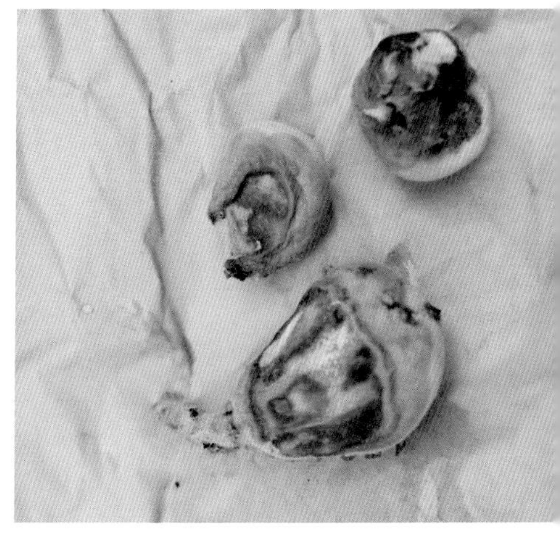

果实腐烂

发生特点

病害类型	真菌性病害
病　　原	尖孢炭疽菌（*Colletotrichum acutatum* Simmonds），属子囊菌亚门、核菌纲、黑痣菌科；胶孢炭疽菌（*Colletotrichum gloeosporioides* Penz），其有性阶段为围小丛壳菌［*Glomerlla cingulata*（Stonem.）Schr. Spauld.］，属子囊菌亚门、球壳目。自然情况下少见 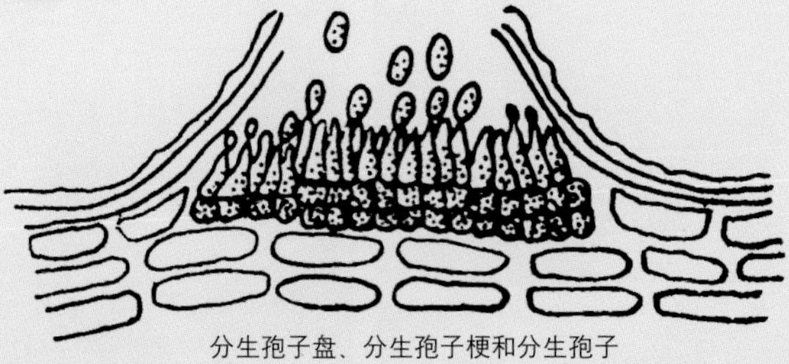 分生孢子盘、分生孢子梗和分生孢子
越冬场所	病菌以菌丝在枇杷干枯枝、破伤枝、僵果和病果上越冬
传播途径	风雨或昆虫传播
发病原因	高温高湿的环境是炭疽病发生流行的主要因素，除此之外，枇杷种植年限过长、水肥管理不当、种植密度过大、排水不良、通风不良、产后未及时清理果园和用药不科学等也是其流行传播的重要原因
病害循环	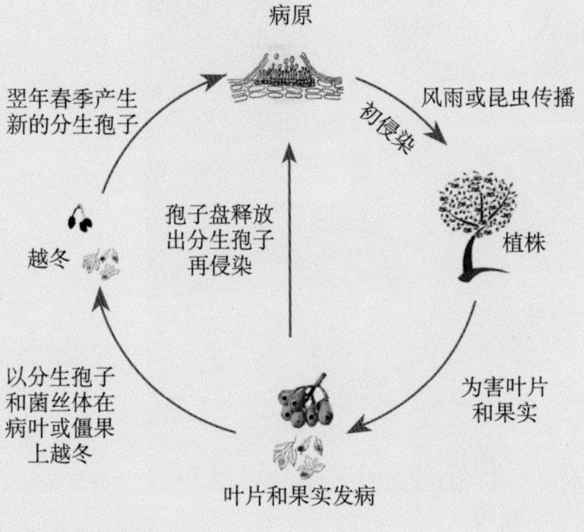 病原 风雨或昆虫传播 初侵染 植株 为害叶片和果实 叶片和果实发病 以分生孢子和菌丝体在病叶或僵果上越冬 越冬 翌年春季产生新的分生孢子 孢子盘释放出分生孢子再侵染

防治适期 抽梢期、花期和幼果期。

防治措施

（1）**农业防治** ①加强果园清洁，清除僵果和病果、剪除病虫枝和干枯枝、刮除病皮和粗皮，集中焚烧，断绝病源。②清除园内杂草，堆肥或深埋。③剪去荫蔽枝、密生枝、重叠枝，使树冠通风透光，减轻病菌为害。

（2）**物治防治** 提倡果实套袋，在采收和贮运过程中应尽量避免机械损伤。

（3）**化学防治** 在防治适期进行喷药保护，视天气和发病情况，每隔10～15天喷一次药。常用药剂有75%百菌清可湿性粉剂500～625倍液、25%咪鲜胺乳油1 000～1 500倍液、25%咪鲜胺水乳剂1 000～1 500倍液、50%咪鲜胺锰盐可湿性粉剂1 500倍液、25%丙环唑乳油1 500～2 000倍液。

枇杷煤污病

枇杷煤污病又叫枇杷煤霉病、枇杷污叶病，夏末秋初时节常发生于温暖湿润的地区。

田间症状 主要为害叶片，也可为害果实。叶片被害后，开始为污褐色小点，后为暗褐色不规则形或圆形，长出煤烟状霉层之后小病斑连成大病斑，甚至全叶变成烟煤状，严重时全园大部分叶片污染，严重影响光合作用，并造成落叶，树势削弱。果实表面受害后，其商品价值会大大降低。

叶部症状

发生特点

病害类型	真菌性病害
病　原	枇杷刀孢菌（*Clasterosporium eriobotryae* Hara），属半知菌亚门、链孢霉目、刀孢霉属 分生孢子梗丛生状及分生孢子着生状
越冬场所	病菌以菌丝在寄主植物的枝条、果皮、树皮以及僵果上越冬
传播途径	风雨传播
发病原因	该病在早春至晚秋之间均可发生，而以雨季发病最甚，伴随蚧类、木虱、蚜虫发生而消长；凡栽培管理不良，或荫蔽、潮湿的果园，均有利于发病
病害循环	子囊孢子或分生孢子 风雨传播 初侵染 蚧类、蚜虫、木虱等 病株 以菌丝在寄主植物的枝条、果皮、树皮以及僵果上越冬 再侵染

防治适期 蚧类、蚜虫、木虱等刺吸式害虫若虫盛发期或成虫羽化盛期，以及春梢萌发期。

防治措施

（1）**农业防治**　①果园保持干燥整洁、湿度低，排水畅通，果园杂草根除要及时、彻底。②合理密植，适当增加树间距，通风透光。③冬季至

早春萌芽前，结合修剪将树上严重病虫枝及园内落叶、落果、杂草清除，集中烧毁或深埋，并对树冠喷1 ~ 2次石硫合剂。

（2）**化学防治** ①冬季至早春萌芽前，在介壳虫或蚜虫发生重的果园，喷施95%机油乳剂或99% SK矿物油乳油（绿颖），以减少煤污病侵染源及蚧类、蚜虫等越冬害虫。②在生长季节及时防治蚧类、木虱、蚜虫等刺吸式害虫，在若虫盛发期或成虫大量羽化而未产卵前喷雾，可选用22%氟啶虫胺腈悬浮剂4 000倍液、10%吡虫啉乳油1 000 ~ 1 500倍液、60克/升乙基多杀菌素悬浮剂1 500倍液、2%氟啶虫胺腈悬浮剂4 000倍液、99% SK矿物油乳油100 ~ 200倍液等。③抓住春梢萌发期时喷药预防，可选用80%代森锰锌可湿性粉剂600倍液、70%丙森锌可湿性粉剂600倍液、78%波尔·锰锌可湿性粉剂600倍液。④在发病初期，可选用75%肟菌·戊唑醇悬浮剂3 000倍液、24%腈苯唑悬浮剂3 000倍液、43%戊唑醇悬浮剂2 500倍液进行喷雾。

枇杷枝干腐烂病

枇杷枝干腐烂病又称枇杷枝干褐腐病，是我国枇杷产区较严重的病害，常造成局部枝干皮层腐烂坏死，严重的导致树体发育受阻、衰退，甚至整株死亡，是枇杷丰产、稳产、优质的主要障碍。

田间症状 枇杷的根颈、主干、主枝和侧枝均可发病，植株染病后，多发生在离地20 ~ 70厘米枝干处，发病初期以皮孔为中心形成椭圆形瘤状突起，中央呈扁圆形开裂，病部逐渐扩大形成不规则病斑，病部和健部的交界处产生裂纹，病部表皮开裂，组织变褐，随后病斑向周围及木质部纵深扩展，病皮暗褐色、粗糙、易脱落，以后病斑沿凹痕（病皮脱落后形成凹痕）的边缘继续扩展，未脱落的病皮则连接成片，呈鳞片状开裂翘起。受害皮层坏死腐烂，严重时可达木质部，病部树皮呈不规则开裂，扒掉裂皮可见病部长有大量白色菌丝体，部分木质部腐烂，并缠绕枝干一周，受害植株随着病情加重，树势逐渐衰退，新枝少，落叶多，果实小而涩，当病部深入树干达1/2 ~ 2/3时，树体便倾斜或常被风刮断枯死。

枝干症状

发生特点

病害类型	真菌性病害
病　　原	仁果囊孢壳菌［*Physalospora obtusa*（Schwein.）Cooke］，属子囊菌门、囊孢壳属，无性态为仁果球壳孢（*Sphaeropsis malorum*），属子囊菌门、球壳孢属 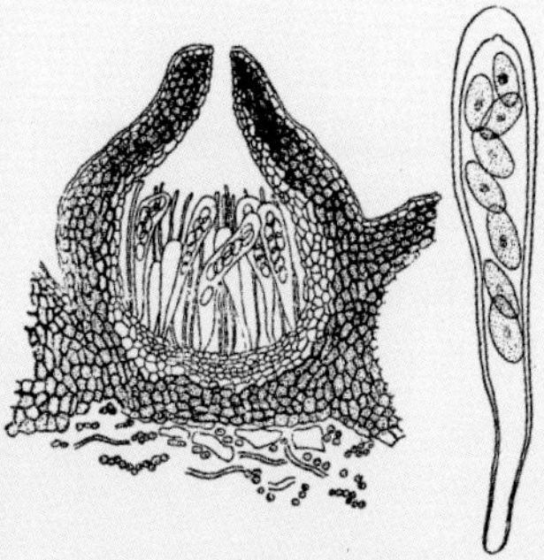 仁果囊孢壳菌分生孢子梗和分生孢子盘 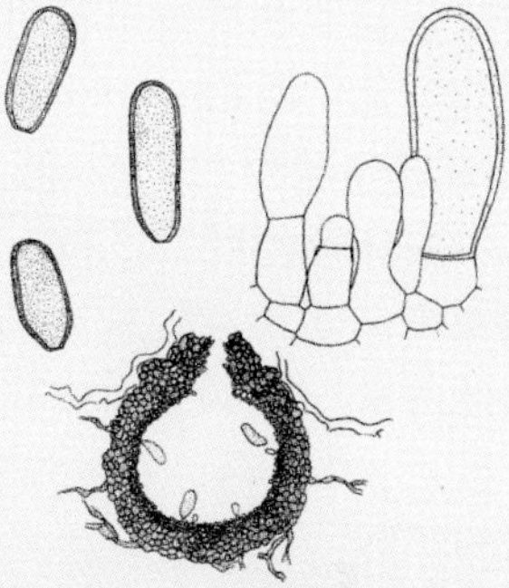 仁果球壳孢分生孢子、产孢细胞及分生孢子器
越冬场所	病菌以菌丝体在土壤或病枝上越冬，在南方部分种植区域没有明显越冬现象，周年均可发病
传播途径	分生孢子借雨水、风、人为操作等传播，从皮孔或伤口处入侵
发病原因	该病由土壤或病部组织带病，园地潮湿、树势衰弱、枝干受伤等容易导致发病
病害循环	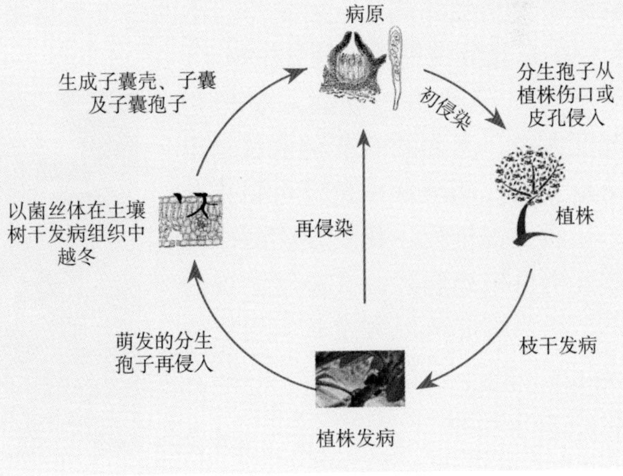 病原 初侵染 分生孢子从植株伤口或皮孔侵入 植株 枝干发病 植株发病 萌发的分生孢子再侵入 以菌丝体在土壤树干发病组织中越冬 生成子囊壳、子囊及子囊孢子 再侵染

防治适期 始病期。

防治措施

（1）**农业防治** ①做好果园排水工作，保持合理的株行距，科学施肥，增强树势，在进行果园管理和采收时，要尽量注意避免造成树皮机械伤，及时处理病虫害、日灼等造成的伤口。②冬季可用涂白剂进行枝干刷白，防止日照和昼夜温差引起裂皮。

（2）**化学防治** ①在发生枇杷枝干腐烂病的果园中，夏、秋季用50%醚菌酯水分散粒剂4 000倍液或40%腈菌唑可湿性粉剂6 000倍液喷1次，喷药时要注意把叶片、枝干一起喷湿，可有效控制枇杷枝干腐烂病和叶斑病的发生。②经常巡视果园，发现枝干病皮时要刮除干净，并集中烧毁，并涂抹药膏，将80%炭疽福美可湿性粉剂、20%三环唑增效超微可湿性粉剂，按1 ∶ 1混合，直接涂抹在病部，再用宽透明胶带包扎，能有效控制该病的扩展。

枇杷花腐病

枇杷花腐病又名枇杷花穗果穗枯萎病，主要发生在穗期、花期，为害枇杷花序，造成花穗腐烂。

田间症状 根据症状枇杷花腐病分为干腐型和湿腐型。

干腐型：花轴表皮变褐，再沿花轴逐渐向整个花蕾扩展，从花轴变褐至花朵皱缩干枯呈萎蔫状，后脱落，花轴和花朵基座上产生黑色小点，经镜检黑色小点是分生孢子盘及分生孢子。

湿腐型：花轴组织软腐，呈粑烂状，湿度大时，上面常有灰色霉状物出现。花蕾发病，病斑灰黑色，可阻止花开放，花蕾变褐枯死。花受侵害时，部分花瓣变褐色皱缩腐烂。在温暖潮湿的环境下，灰色霉层可以完全长满受侵染的部位。

健康花序

花序发病初期及后期

花序症状

发生特点

病害类型	真菌性病害
病　　原	干腐型病原为枇杷拟盘多毛孢菌［*Pestalotiopsis eriobotrifolia*（Guba）Chen et Cao］，属子囊菌门、拟盘多毛孢属；湿腐型病原为灰葡萄孢菌（*Botrytis cinerea* Pers.），属子囊菌门、葡萄孢属，其有性态为富氏葡萄孢盘菌（*Botryotinia fuckeliana* Whetzel .） 枇杷拟盘多毛孢菌　　灰葡萄孢菌
越冬场所	暂无研究报道
传播途径	暂无研究报道
发病原因	枇杷穗期及花期雨水多、湿度大、气温高是发病的主要因素，湿度越大，发病越严重。园内枇杷叶斑病发生严重，枇杷花腐病发生相对要重些。老栽培区、面积大的栽培区发病重于新发展区。树龄短，树势强，通风条件及排水情况好的果园，枇杷花腐病发生率低。另外，秋冬季低温冷害也是诱发花腐病的重要气候因子

防治适期 始病期。

防治措施

（1）**农业防治**　①合理密植。一般每亩栽永久树20株为宜。剪除病叶、过密枝、病虫枝、下垂枝（特别是近地面的下垂枝）。②清园。集中清理田间的枯枝落叶和修剪的枝叶，带出园外烧毁，秋冬季每亩施生石灰100千克。③疏花疏果。一般每穗留穗顶正中端正果一枚。④大棚避雨栽培。可降低湿度和减轻冻害，降低发病率。⑤合理施肥。控制氮肥，增施磷、钾肥，做到旺树不施氮肥。

(2) **化学防治** 开花初期，可喷施2%春雷毒素液剂500倍液、40%嘧霉胺悬浮剂1 000倍液、10%苯醚甲环唑水分散粒剂3 000倍液或80%代森锰锌可湿性粉剂500倍液。

枇杷疫病

田间症状 主要为害果实。果实受害后初期局部出现淡褐色水渍状病斑，后扩至整个果实，病健部不明显，潮湿时病部产生白色稀疏霉层，即病菌子实体。

果实症状

发生特点

病害类型	真菌性病害
病　原	病原为棕榈疫霉［*Phytophthora palmivora*（E.J. Butler）E.J. Butler］，属鞭毛菌亚门、疫霉属
越冬场所	病菌以卵孢子、厚垣孢子或菌丝体在病残体上越冬

（续）

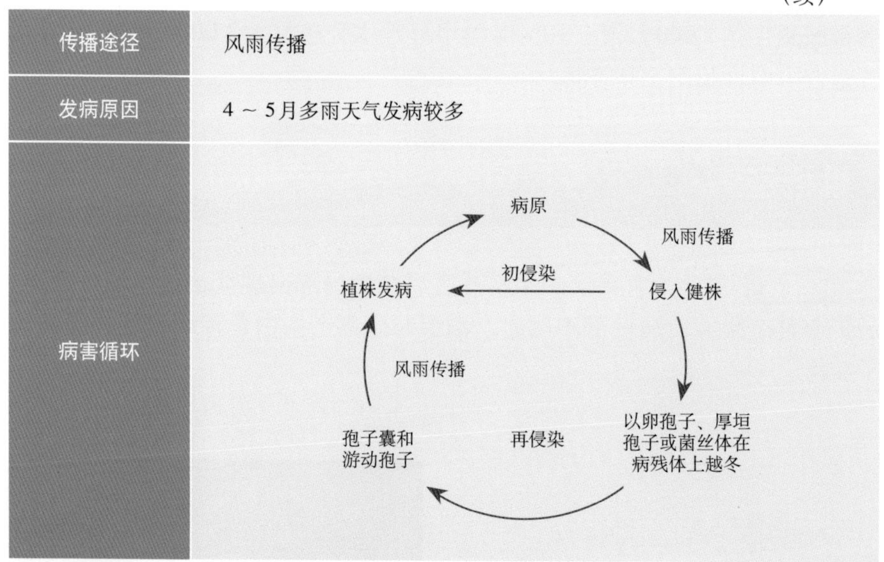

传播途径	风雨传播
发病原因	4～5月多雨天气发病较多
病害循环	病原 → 风雨传播 → 侵入健株 → 以卵孢子、厚垣孢子或菌丝体在病残体上越冬 → 再侵染 → 孢子囊和游动孢子 → 风雨传播 → 植株发病 → 病原；侵入健株 → 初侵染 → 植株发病

防治适期 花期。

防治措施

（1）**农业防治** ①选好地块，建立排灌系统，避免在低洼、高湿地段种植。②加强田间管理，合理施肥，不偏施氮肥。

（2）**化学防治** ①选用壮苗，种前用50%多菌灵可湿性粉剂1 000倍液浸苗基部10～15分钟，倒置晾干后种植。②花期喷施50%苯菌灵可湿性粉剂800～1 000倍液，每隔10天喷施一次，连喷2～3次。

枇杷轮纹病

田间症状 主要为害叶片，叶片受害后，多自叶缘先发病，形成半圆形至近圆形的病斑，同心轮纹状，直径4～8厘米，边缘略具轮纹，赤褐色，中央灰褐色，后期变灰白色，病健部明显，湿度大时病斑中央有黑色小点，即病菌分生孢子器。发病严重时导致早期落叶、枝枯，生长衰弱，影响抽梢。苗木受害严重时，会引起全株枯死。

叶部症状

后期叶部病斑变灰白色

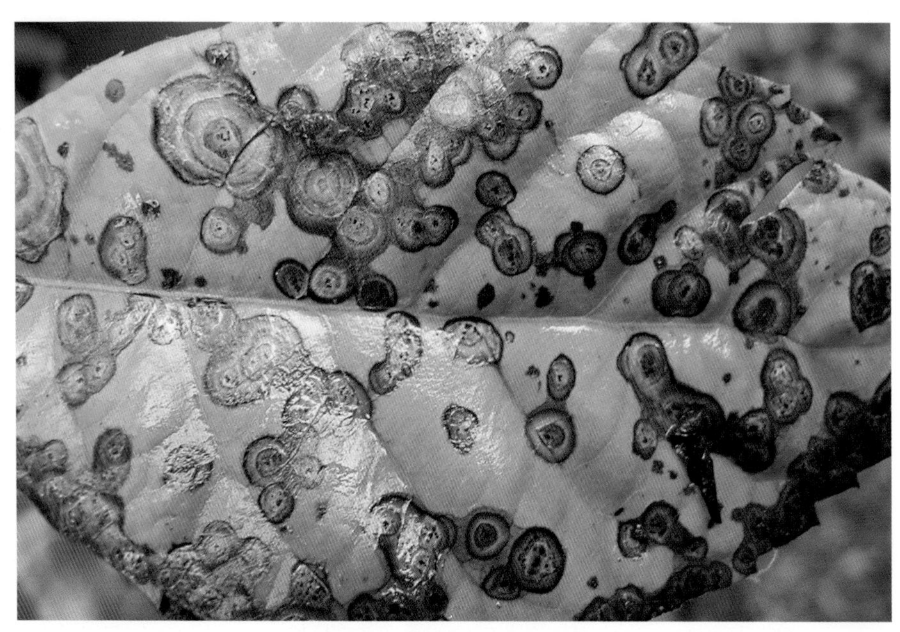

湿度大时病斑中央有黑色小点

发生特点

病害类型	真菌性病害
病　原	枇杷壳二孢（*Ascochyta eriobotryae* Vogl.），属子囊菌门、壳二孢属 分生孢子
越冬场所	病菌以分生孢子器、菌丝体和分生孢子在病叶及病残体上越冬
传播途径	风雨传播

（续）

发病原因	温暖地区，分生孢子全年均可产生，进行重复感染，不断扩展蔓延。通常排水不良、土壤贫瘠、栽培管理粗放的果园，发病较重；苗木发病比成年树重，高温多雨季节，生长不良时尤为明显；栽培管理良好、树势健壮的发病较轻
病害循环	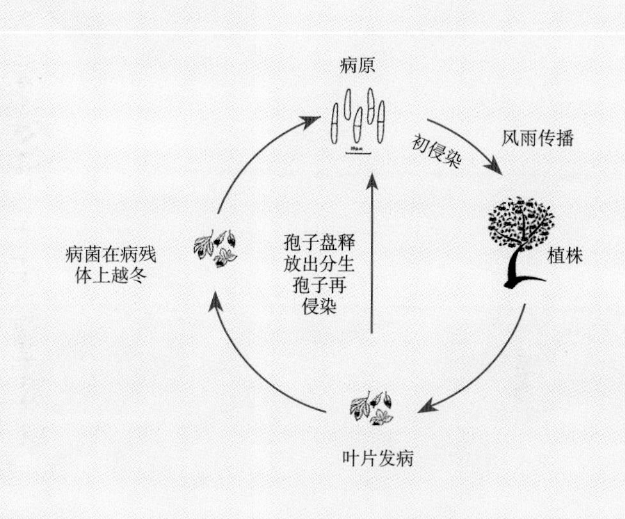

防治适期 始病期。

防治措施 参照枇杷灰斑病。

枇杷疮痂病

田间症状 可为害果实、花、叶片和嫩梢。果实受害初期，在果面上生成灰黄色或黄绿色绒状小斑点或斑块，后变为绒状或疮痂状锈褐色斑块或不规则锈褐色小斑点，后病斑表面开始木栓化，稍龟裂，不深入果肉。叶片受害后，一般在中脉上形成条点状褐色病斑，稍隆起，疮痂状。花穗受害后，花瓣、雄蕊和柱头生黄褐色坏死斑点，后变黑褐色，严重时整个花穗腐烂，导致脱落。枝梢和果蒂受害后，其表面木栓化，多呈纵面龟裂，病部通常被表生茸毛覆盖，难以发现。

果实症状

发生特点

病害类型	真菌性病害
病 原	枇杷黑星孢菌（*Fusicladium eriobotryae*），属半知菌亚门、黑星孢属 枇杷黑星孢菌
越冬场所	暂无研究报道
传播途径	暂无研究报道
发病原因	暂无研究报道

防治适期 抽梢期、花期和幼果期。

防治措施 参照枇杷炭疽病。

枇杷细菌性褐斑病

田间症状 果实转色后期开始发病，果面呈现条形或不规则油渍状的褐色斑，病变组织限于果皮。果实被害后，不出现腐烂，但果表外观和果实品质受到影响。

果面的油渍状褐色斑

发生特点

病害类型	细菌性病害
病　　原	*Xanthomonas* sp.，为黄单胞杆菌属，革兰氏阴性菌
越冬场所	病菌在病果表皮中越冬

（续）

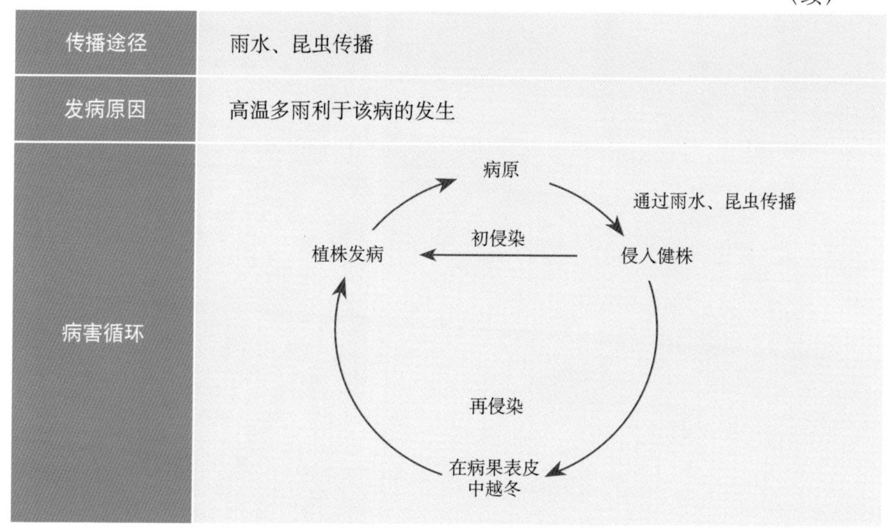

传播途径	雨水、昆虫传播
发病原因	高温多雨利于该病的发生
病害循环	

防治适期 青果期。

防治措施

（1）**农业防治** 冬季清园，清除树上和落地病果，集中烧毁。

（2）**化学防治** 青果期喷药保护，可选用3%噻霉酮可湿性粉剂1 000倍液。

枇杷癌肿病

枇杷癌肿病又名枇杷芽枯病，受害后常引起枇杷树势衰弱、产量下降以至全株枯死。

田间症状 主要为害根、枝干和新梢。新梢受害后，新芽上产生黑色溃疡，引起芽枯，簇状，常常长出多个侧芽。枝干被害先产生黄褐色不规则病斑，表面粗糙，局部增粗或瘤状凸起，成为癌肿状的同心圆斑，后隆起开裂，逐渐表面粗糙，形成环纹状开裂线，树皮翘裂脱落，露出黑褐色木质部，并膨大成为癌肿状，病部组织坚硬，输导组织阻塞，枝干枯死。果实受害后，果面出溃疡，表面粗糙，果梗表面纵裂。叶部病斑发生在主脉上，叶脉褪色，后呈黑褐色，有明显黄晕，叶片皱缩。

芽　枯

枝干上的瘤状突起

病　株

发生特点

病害类型	细菌性病害
病　　原	枇杷假单胞菌［*Pseudomonas syringae* pv. *eriobotryae*（Takimoto）Dowson.］，属变形菌门、γ-变形菌纲、假单胞菌目、假单胞菌科、假单胞菌属，革兰氏阴性菌
越冬场所	病菌在枝干病部越冬
传播途径	风雨、昆虫等传播
发病原因	病虫为害及抹芽、修剪、采果形成的伤口，病菌容易侵入造成发病，多雨及台风季节发病多，树势衰弱发病重
病害循环	降雨、灌溉或露水等使病菌从病斑处溢出 风雨、昆虫等传播 健康植株伤口、气孔、皮孔 初侵染 病株 再侵染 病菌在枝干病部越冬

防治适期 始病期。

防治措施

（1）**农业防治**　①开沟排水，改良土壤，增强树势，提高抗病力，及时剪除病叶、病枝，集中烧毁。②在采收、修剪时，使用剪刀，使伤口平滑，不利于病菌侵入，伤口可喷0.5%波尔多液保护。③及时防治害虫，防止或减少伤口。

（2）**化学防治**　每年4～5月刮除病部后，涂刷5波美度石硫合剂。可选用20%噻唑锌悬浮剂300倍液、20%溴硝醇可湿性粉剂、1.5%噻霉酮水乳剂喷雾、灌根、涂伤口等。

枇杷果实心腐病

枇杷果实心腐病在幼果期开始发生，初期症状不明显，果实临近成熟时造成大量落果，是枇杷生产上的一种主要果实病害。该病的特点是发病快、来势猛、蔓延十分迅速，如防治不及时，将给果农造成巨大经济损失。

田间症状 受害初期无明显症状，果实转色期至成熟期果面出现水渍状软斑才易识别，病斑近圆形，直径6～15毫米，肉眼可见果实表面明显褐变，颜色由浅至深并逐渐凹陷，病健部界线明显，纵切后可见发病部位由果核开始逐渐向外扩散蔓延至果皮，在高湿条件下病果表面可见大量橙色的小颗粒，即病原菌的分生孢子堆，后期病果大量渗出液体，果肉腐烂。

果实腐烂

发生特点

病害类型	细菌性病害
病　　原	谷会等（2014）认为致病菌为奇异根串珠霉［*Thielaviopsis paradoxa*（De Seyn）V.Hohn.］，属子囊菌门；林雄杰等（2016）认为致病菌为尖孢炭疽菌（*Colletotrichum acutatum*）
越冬场所	谷会等（2014）、黄思良等（1990）研究表明，致病菌在8℃以下不能生长。相关病原菌是否越冬等尚未见报道
传播途径	病菌从伤口侵入，在温暖潮湿的季节容易发病
发病原因	不同枇杷品种对心腐病的抗性差异明显，据高日霞等（2011）报道，白梨品种相对感病，发生多，为害重；同时气候条件对该病有明显影响，一般气温在15℃以上，阴雨天气利于该病侵染发生

防治适期 套袋前施药预防。

防治措施

（1）**农业防治** ①果园注意开好排水沟，外沟深度80厘米以上；结合修剪清除病枝残体，摘除残花、病果。②多施有机肥，增施磷钾肥，控制氮肥使用，防止徒长。

（2）**化学防治** 在发生重的种植区域，果实套袋前喷施25%扑霉灵乳油2 000倍液或10%苯醚甲环唑水分散粒剂1 500倍液。

枇杷赤衣病

枇杷赤衣病是一种枝干病害，在我国台湾、福建两省枇杷种植区普遍发生，江西、浙江、四川、广西等省份有报道。该病病原菌寄主范围广，除枇杷外，还可为害芒果、茶、柑橘、苹果、梨、荔枝、桃等。

田间症状 主要为害枝干，包括主干、主枝、侧枝及小枝（包括一年生小枝），相对主枝及侧枝受害较多。枝干染病后，显著症状是病部覆盖着一层薄薄的粉红色霉层，因此称为赤衣病。被害枝干最初在背光面树皮上可见很细的白色薄网（病菌菌丝），边缘呈羽毛状，逐渐在网中产生白色或粉红色脓疱状物（菌丛）。红色菌丛散生或彼此相连成为长条状，条斑长可达5～6厘米。不久整个病疤上覆盖粉红色霉层，边缘仍保持白色羽毛状。之后，霉层龟裂成小块，遇雨被冲掉。后期病部树皮龟裂并剥落，露出木质部，呈溃疡状，最终枯死。

发生特点

病害类型	真菌性病害
病　　原	鲑色伏革菌（*Corticium salmonicolor* B.et Br.），属担子菌亚门、伏革菌属 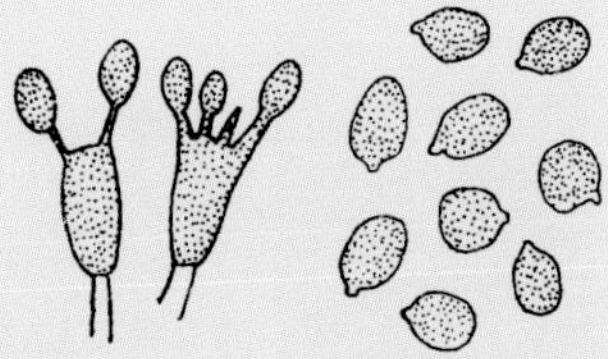 分生孢子梗及分生孢子
越冬场所	病菌以菌丝及白色菌丛在病部越冬
传播途径	雨水传播
发病原因	该病发生流行与气候条件密切，尤其是温度和降水量对菌丝、分生孢子、担孢子的产生、传播及白色菌丛的形成至关重要，雨水不仅有利于菌丛的形成、分生孢子的传播，而且有利于孢子的萌发与侵入；此外，土壤黏重、低洼排水不畅的果园及树龄较大的果园发病重
病害循环	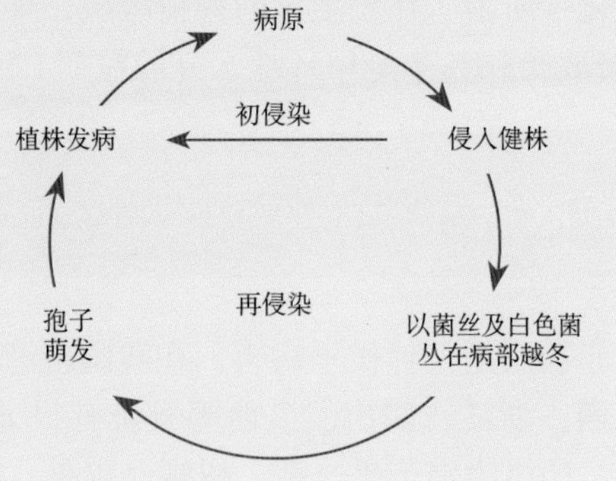 病原 侵入健株 初侵染 植株发病 以菌丝及白色菌丛在病部越冬 再侵染 孢子萌发

防治适期 始病期。

防治措施

（1）**农业防治**　①加强果园管理，提倡起垄种植，建立良好的排水渠道，降低土壤含水量，增施有机肥。②结合修剪，剪除病枝、枯枝，并集

中烧毁。③提倡石灰刷干，春季用8%石灰水刷干，刷干前先刮除病疤上的菌丝体、菌丛，并集中烧毁。

（2）**化学防治** ①刮除病部治疗。在5～6月发病盛期及时开展巡查，发现病部，及时刮除腐烂变色部位的组织，刮除时注意伤口最好与树干成平行棱形，边缘平整，容易愈合，刮除后立即喷施50%退菌特可湿性粉剂600倍液消毒。②喷药保护。3月上旬红色菌丝出现后即喷施50%退菌特可湿性粉剂600倍液，间隔1个月喷1次，连喷3～5次，控制病害扩展。

枇杷白绢病

枇杷白绢病又称枇杷茎基腐病，寄主范围广，除为害枇杷外，还可为害苹果、梨、桃、芒果、樱桃、葡萄等多种果树和杨、柳等多种林木，另外还可为害花生、大豆、黄瓜、番茄等一年生植物。

田间症状 主要侵染植株根颈部，茎部以离地面5～10厘米处发病最多，可扩展至主根基部。为害时，初期呈现水渍状病斑，随后病部组织腐烂，根颈部表面布满白色菌丝，后期病部渐变褐色，上有菜籽状黑色菌核，根颈部受害初期病部呈水渍状，并溢出淡褐色汁液，后期皮层腐烂，腐烂皮层散发酒糟气味，树苗、幼龄树及成年树均可发病，一年至数年死亡。

树苗发病症状

发生特点

病害类型	真菌性病害
病　　原	有性阶段为白绢薄膜革菌［*Pellicularia rolfsii*（sacc.）West.］，属担子菌门、薄膜革菌属，无性阶段为*Sclerotium rolfii* Sacc，属担子菌门、小核菌属
越冬场所	病菌以菌核、菌丝在田间病株、病残体及土壤中越冬
传播途径	近距离传播主要依靠菌核随灌溉水、雨水传播，也可通过菌丝蔓延传播，远距离传播主要通过带菌苗木调运传播
发病原因	带菌苗木调运、土壤带菌、根部受伤以及管理不当是引发该病的重要因素；病菌可通过菌丝、菌核或菌索混入土壤中，使土壤带菌，在带菌土壤中繁育苗木易发生病害；土壤板结、积水、贫瘠以及肥水不当均可引起根发育不良，降低其抗逆性，利于枇杷白绢病的发生
病害循环	土壤中病菌 → 远距离传播（带菌苗木调运）→ 植株感病；土壤中病菌 → 近距离传播（菌丝蔓延或菌核随灌溉水、雨水传播）→ 植株感病

防治措施

（1）**加强果园管理**　搞好排灌设施，多施有机肥，增强树势，提高抗病力。

（2）**科学建园**　不在发病的土地上建园或育苗。

（3）**苗木管理**　加强苗木检查，剔除病苗，做好苗木消毒。可选用0.5%硫酸酮药剂，浸20 ~ 30分钟。

（4）**病树治疗**　对发生烂根病的植株，挖开树基土壤，寻找病部，确定患病部位后，根据不同情况进行处理，局部皮层腐烂的，用刀刮除病斑；整条根腐烂的，要从植株基部锯除，将病根挖除干净，并用药剂涂抹伤口，后用无病菌新土覆盖，切除的病根和病根周围的土壤要带出园外。

并用50%腐霉利可湿性粉剂500倍液消毒伤口，发病时期还可用70%噁霉灵可湿性粉剂2 000 ～ 3 000倍液灌根。治疗后，对重发病株要修剪地上部分，以减少蒸腾作用及营养消耗。

枇杷白纹羽病

枇杷园区一种常见的烂根病害，该病除为害枇杷外，还为害桃、苹果、葡萄、梨、李、樱桃等多种果树。

田间症状 主要为害枇杷植株根部，发病多从细根开始，细根染病后表现霉烂，后蔓延至主根和侧根。病根上缠绕白色或灰白色丝网状菌丝层，病根皮层腐烂，木质枯朽。发病后期，霉烂根外部的栓皮层如鞘状套于木质部外，木质部表面有时产生黑色菌核，近土面根际会出现灰褐色或灰黑色的绒状菌丝膜。受害植株树势衰弱，叶片下垂，幼龄树苗染病当年即死亡，大树染病，一年至数年死亡。

根部症状

发生特点

病害类型	真菌性病害
病　　原	有性阶段为褐座坚壳菌（*Rosellinia necatrix* Prill.）属子囊菌亚门、座坚壳属，在自然界不常见；无性阶段为白纹羽束丝菌［*Dematophora necatrix*（Hart.）Berl.］
越冬场所	病菌以菌丝、菌核、菌索在田间病株、病残体或土壤中越冬，菌索可在土壤间存活5～6年
传播途径	近距离传播主要通过菌丝蔓延传播，远距离传播主要通过带菌苗木调运传播
发病原因	苗木传播、土壤带菌、根部受伤以及管理不当是引发该病的重要因素；植株根部受伤会加重病害的发生，机械伤、虫伤等均会加重该病发生；土壤板结、积水、贫瘠以及肥水不当均可引起根发育不良，降低其抗逆性，利于该病的发生
病害循环	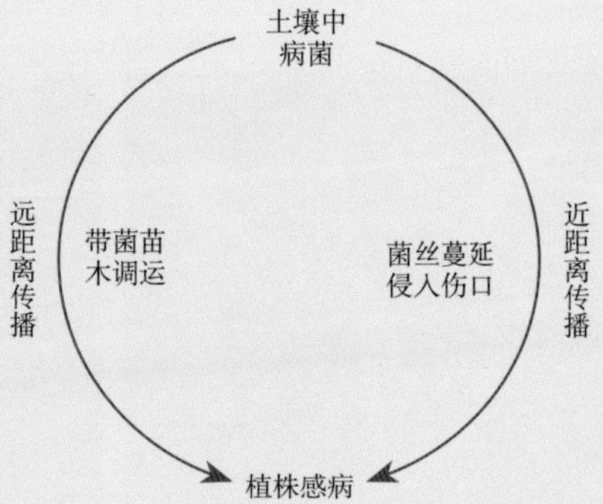

防治措施

（1）**加强苗木检查**　对苗木进行严格检查，剔除病苗，在栽种前对苗木进行消毒处理，可选用2%石灰水、0.5%硫酸铜1 000倍液等。

（2）**加强栽培管理**　①做好果园排水，提倡高畦种植。②增施有机肥和生物菌肥，促进土壤中抗生菌的繁殖，也促使植株提高抗病力。③在旧果园种植时，需彻底清除树桩、残根、烂皮等病残体，对土壤进行翻耕、晾晒等处理。

（3）**病树治疗**　参考枇杷白绢病。

枇杷根腐病

枇杷根腐病是枇杷生产上常见的土传病害，在幼龄树和成年树上均可发生。

田间症状 主要为害植株根颈及根部，植株染病后，发病初期病部皮层先开始松软，病部产生黄白色至黄褐色不规则病斑，病健部交界不明显，后逐步变褐色，此时病部已开始逐步坏死，剥开皮层，可见病健交界处明显，此时病部不能正常吸收养分和水分，后近地面的根颈处或根部可促发大量新根，受病原侵染后新根也随之腐烂、坏死。病情严重时，大部分根系变黑腐烂，韧皮部与木质部分离，基部腐烂，韧皮部呈鱼鳞状。植株地上部叶片起初变黄，之后变成褐色，叶子在脱落之前缓慢下垂。遇连续阴雨或大雨时，植株发病相当快，只留下褐色干枯的叶片挂在死树枝上，最后整株枯死。在高温、高湿的环境中病部表面会形成大量白色霉状物，即病菌分生孢子梗和分生孢子。

植株症状

根颈症状

发生特点

病害类型	真菌性病害
病　　原	多种病原均可引起该病，如柱枝双孢霉（*Cylindrocladium*）、叶拟盘多毛孢（*Pestalotiopsis eriobotrifolia*）、*Pestalotiopsis microspor*
越冬场所	病菌以菌丝体、菌丝或菌核在病残体或土壤中越冬
传播途径	近距离传播主要通过菌丝蔓延传播，远距离传播主要通过带菌苗木调运传播
发病原因	带菌苗木传播、土壤带菌、根部受伤以及管理不当是引发根腐病的重要因素；植株根部受伤会加重病害的发生，机械伤、虫伤等均会加重病害的发生；土壤性状对根腐病发生侵染影响较大，土壤板结、积水、贫瘠以及肥水不当均可引起根发育不良，降低其抗逆性，利于病害发生
病害循环	土壤中病菌 远距离传播：带菌苗木调运 近距离传播：菌丝蔓延侵入伤口 植株感病

防治措施 参照枇杷白绢病。

枇杷叶尖焦枯病

枇杷叶尖焦枯病俗称枇杷瘟，枇杷春梢抽生后开始发生，采果后，病情缓解，是枇杷产区一种常见的病害。

田间症状 主要为害叶片，多在嫩叶长2厘米左右时发病，初为黄褐色坏死，并逐渐向上扩展，叶尖变黑枯焦，生长缓慢，叶变小、畸形，重病的大部分或全部叶片枯焦，严重的植株新生长点枯死，新叶片无法抽生，出现枝枯。病叶生长缓慢或僵化，叶变小，畸形，重病叶大部分或全部枯焦。果实生长缓慢或形成僵果，出现皱果，落果严重，锈果多，着色差，

叶部症状

不易剥皮，果肉偏硬，品质下降。陈德禄等（1998）调查发现，该病发生时，首先地下部的根系停止生长，根毛不能形成，根的数量减少，且有根腐发生，影响根系的吸收。

发生特点

病害类型	非侵染性病害
发病规律	一年中，以春梢发病最重，夏梢次之，秋梢发病最轻；该病病株分布较均匀，以枇杷树中、下部侧枝新叶发病较重；实生苗繁殖的老果园发病较重；品种间抗病性有差异；果园含钙不足、土壤过酸、空气污染严重、遇酸雨等，较易发病
发病原因	吴格娥（2007）认为，缺钙、大气污染、酸雨等都会引起该病的发生。尤其是缺钙，增施石灰后的植株，发病率明显降低。陈德禄等（1998）认为该病发生与土壤pH关系密切，土壤pH为4.6可作为该病发生的临界值，土壤pH大于4.6时，枇杷生长正常，土壤pH小于4.6时，枇杷就会发病，表现不正常

防治措施

（1）**农业防治**　①选用健壮树苗及抗病品种。大五星较抗病，大红袍、夹脚、软条白砂较感病，嫁接苗繁殖的根系多、树形好、树势强，比实生苗的抗逆性强。②加强果园管理。提高抗病力，尤其要注意增施有机肥和磷、钾肥，及时剪除重病枝梢，增强树势。③改良土壤。进入盛果期后的枇杷树，隔3～4年于冬季深翻扩穴时，每株施生石灰5千克，调节土壤酸碱度，补充土壤中的钙质，以防止土壤缺钙。

（2）**化学防治**　枇杷花前、谢花后及果实膨大初期各施1次0.136%芸薹·吲乙·赤霉酸可湿性粉剂10 000倍液，增强树势，提升植株抗病性，喷施时加入流体硼效果更好。

枇杷皱果病

枇杷皱果病又称枇杷缩果病或萎蔫病，枇杷进入盛果期常患此病，在各枇杷产区均有不同程度发生，轻者产量锐减，重者绝收，甚至死树。

田间症状 从果实膨大至近成熟期间均可发生，果实染病后出现失水、皱缩、干瘪的症状，剥开果实，种子隔膜坏死、变色。结果枝叶片由上而下陆续枯死，枝条顶部皮层和木质部变黑枯死。

果实皱缩

发生特点

病害类型	非侵染性病害
发病规律	幼龄树较少发生，盛果期以后发生严重，近成熟阶段发生较多
发病原因	该病发生与枇杷品种、树龄、果实发育及气候条件有关。据高日霞等（2011）报道，白梨、大钟、解放钟等品种较为感病；郑少泉（2005）指出，一般皮薄的品种容易萎蔫，如华宝2号、华宝3号和洛阳青等，森尾早生裂果少，但后期也易萎蔫；果实成熟后期遇高温干旱强日照，果面温度升高，水分供应不足，容易造成萎蔫，往往在2 ~ 3天的高温晴天后大量发生，一旦发生，即使灌水遮阴也不能逆转，高温日照越强，萎蔫发生越严重；树势影响病害的发生，树势较弱，枝细叶少，挂果量多，叶果比小，就容易造成萎蔫

防治措施

（1）**农业防治** 选育和种植抗皱果病的品种；加强果园管理，增施有机肥，做好疏花疏果和剪除病枝工作；全面推广果实套袋；幼果期进行根外施肥，有条件地区推广喷灌和施用叶面水分蒸发抑制剂。

（2）**化学防治** 喷施植物生长调节剂，据王荔等（2019）研究，喷施赤霉素和2, 4-D均可以减少早钟6号早花果或早熟果皱皮果率。

枇杷日灼病

田间症状 枇杷植株枝干、果实均能受害。枝干受害后，树皮干瘪凹陷，后皮裂起翘，向阳面形成焦块，深达木质部。未套袋果实受害后，果面出现黑褐色的不规则凹陷斑块，果肉干枯；套袋果实，袋面与果实直接接触部位的果肉被灼瘪，病部呈黑褐色凹陷干涸病斑。

套袋后果实受害状

叶部灼伤

果实症状

发生特点

病害类型	非侵染性病害
发病规律	西向的坡地果园容易发生，果实由浓绿转为淡绿色前后极易发生，气温达27℃及以上时，该病严重发生
发病原因	由高温、阳光直射引起

防治措施

（1）**科学建园** 尽可能避免在西向坡地上建园种植。

（2）**选用抗病品种** 选不易发生日灼的品种。

（3）**加强果园管理** 修剪时注意不在树冠顶部和外围留果穗。

（4）**科学套袋** 避免袋纸与果实直接接触。

（5）**喷水降温** 有喷灌设施的，遇可能发生日灼天气，须在上午11：00前喷水，可有效防止此病发生。

易混淆病害 很多人不了解枇杷皱缩病，会认为是枇杷日灼病。如果仅仅从外表皮的症状上来看，枇杷日灼病有时会表现出皱缩，但大多数都仅有黑褐色的不规则凹陷斑块，像被火烧了一样的，而枇杷皱缩病只有干瘪皱缩。

枇杷裂果病

田间症状 果肉细胞吸水后迅速膨大，引起外皮胀破，出现不同程度的果肉和果核外露。

裂　果

发生特点

病害类型	非侵染性病害
发病规律	果实开始着色前后，遇连续下雨或久旱骤降大雨易发生，绿果期发生少
发病原因	果肉细胞吸水后迅速膨大，引起外皮胀破

防治措施

(1) **农业防治**　①选用不易发生裂果的品种。②有条件的区域可采取避雨栽培。

（2）**物理防治** 实行果实套袋，可有效预防裂果的发生。

（3）**化学防治** 果皮转淡绿色时，喷施1次100毫克/升乙烯利，有预防裂果和促进早熟的作用。

枇杷冻害

田间症状 主要发生在早春期间，海拔高的种植区域发生重，受害部位主要是幼果和花穗。若遇−3℃以下低温，幼果就会受冻，受冻后会出现果面茸毛萎蔫现象，有的甚至部分脱落使果实表面透青发亮，严重时果实胚会变为灰黑色或黑褐色，甚至幼果脱落。当部分胚冻死时会形成畸形果，若果实中的胚全部冻死，幼果就会停止发育。幼果受冻时还会引发果实栓皮病。同时，低温冻害会抑制花粉粒的萌发，使枇杷枯花而不能坐果。枇杷花朵受冻后花轴变褐软腐，形成花腐病，对枇杷产量影响极大。

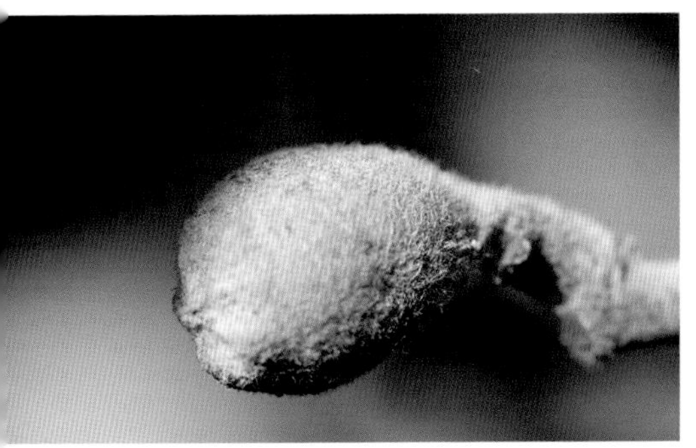

幼果受害状

发生特点

病害类型	非侵染性病害
发病规律	枇杷冻害主要发生在12月至翌年的3月，栽培管理水平高，施肥适当，后期控水，并能及时落叶，枝条粗壮的果树抗冻能力强，反之，管理水平低的果树抗冻能力差
发病原因	枇杷冻害发生既与品系、树龄、不同生育期、不同器官等内在因素密切相关，又与气候条件、地理位置、土壤、管理技术等外在因素密不可分，但低温、品种抗寒性差、管理技术不当是导致枇杷冻害发生最重要的影响因子。另外，持续暖冬现象导致树体缺少寒冷锻炼，或秋冬季节雨量偏少，导致树势差、抗逆性减弱，都会造成树体对突如其来的低温较敏感，从而加剧枇杷发生冻害的程度。果树体内结冰发生在细胞间隙。由于间隙的水或水蒸气凝结成冰，而造成细胞失水，就会引起冻害。当细胞外结冰严重使细胞大量失水时，就会造成果树伤害或死亡

防治措施

（1）**农业防治** ①均衡施肥。特别是花前肥和秋肥，推迟花期，以避开冻害。②疏花疏果，控制抹芽。疏除部分结果母枝，促进枝芽的成熟，在可能受霜冻的果园，可适当推迟疏花疏果时间，不留或少留早花果，多留迟花果，可降低果实冻害率。③推广设施栽培。设施大棚栽培和防冻伞应用能有效避免冻害。

设施大棚栽培

防冻伞

（2）**物理防治** 推广果实套袋，套袋对花穗和幼果起到很好的保护作用。

（3）**化学防治** 在枇杷花前、谢花后及果实膨大初期各喷施1次0.136%芸薹·吲乙·赤霉酸可湿性粉剂10 000倍液，提高植物活力，增加细胞膜中不饱和脂肪酸的含量，使其在低温下能够正常生长。

地衣和苔藓

田间症状 地衣和苔藓在枇杷枝干上常发生，严重时影响枝梢抽生，削弱树势，影响生长和果实产量。

苔藓为害枝干

壳状地衣为害枝干

发生特点

病害类型	侵染性病害
病　原	地衣是藻类与真菌（子囊菌）的共生体，苔藓是一类无维管束的绿色孢子植物，可分为苔和藓两种，一般在一起混生 地衣主要有三种：①壳状地衣。大小不一形同膏药的圆斑，青灰色或灰绿色，紧贴于树干或枝干上，不易剥离。②枝状地衣。淡绿色，直立或下垂，呈树枝状或丝状，黏附在树的枝干上。③叶状地衣。叶状体扁平，形状不规则，有时边缘反卷，表面灰绿色，底面黑色或淡黄，由褐色假根黏附在树枝干上，多个叶状体连成不规则形如鳞片的薄片，极易脱落 苔藓呈黄绿苔状（苔）和簇生的丝状体（藓），具有假根、假茎和假叶，以假根附着于枝干上，吸取水分和养分
越冬场所	地衣和苔藓以营养体在枝干上越冬
传播途径	风雨传播
发病规律	管理粗放、潮湿的果园较易发生，温暖、潮湿的季节繁殖、蔓延快，以5～6月多雨季节发生最盛，夏季高温干旱不利其发生繁殖，冬季寒冷则停止生长，老弱树的枝干易被地衣、苔藓附生，受害较重

防治措施

（1）**农业防治**　加强果园管理，剪除过密枝梢，搞好排灌，科学施肥，增强树势。

（2）**化学防治**　刮除病斑，选用30%氧氯化铜悬浮剂500～600倍液，也可用10%～15%石灰乳涂抹。

PART 2

虫 害

中国梨木虱

中国梨木虱发生普遍，是梨产区的主要害虫，为害其他果树少见，有报道为害合欢。目前调查显示中国梨木虱在枇杷上的发生日趋严重。

分类地位 *Psylla chinensis* Yang et Li，属半翅目木虱科。

为害特点 中国梨木虱对枇杷树的危害分直接为害和间接为害。

直接为害指中国梨木虱虫体直接刺吸枇杷的叶、果和幼嫩枝条的汁液，春季成、若虫多集中于新梢、叶柄为害，夏秋季则多在叶背吸食为害。受害叶片扭曲，产生枯斑，并逐渐变黑，提早脱落。第一代若虫为害初萌发的芽，常钻入已展开的芽内、嫩叶及新梢为害，第二代以后的各代若虫多在叶片上为害，消耗营养，影响树势。

成虫及若虫叶背吸食为害（赵龙龙　摄）

成虫及若虫为害花序（赵龙龙　摄）

间接为害是指中国梨木虱分泌物被霉菌附生，产生煤烟病，叶片早期大量脱落。

形态特征

成虫：分冬型和夏型两种。冬型成虫体型较大，体长2.8 ~ 3.2毫米，灰褐色或暗黑褐色，前翅后缘臀区有明显褐斑。夏型成虫体型较小，长2.3 ~ 2.9毫米，黄绿色或黄褐色，翅上无斑纹。成虫胸背均有4条红黄色

或黄色纵条纹，足色较深，前翅端部圆形，膜区透明，脉纹黄色。静止时，翅呈屋脊状叠于体上。

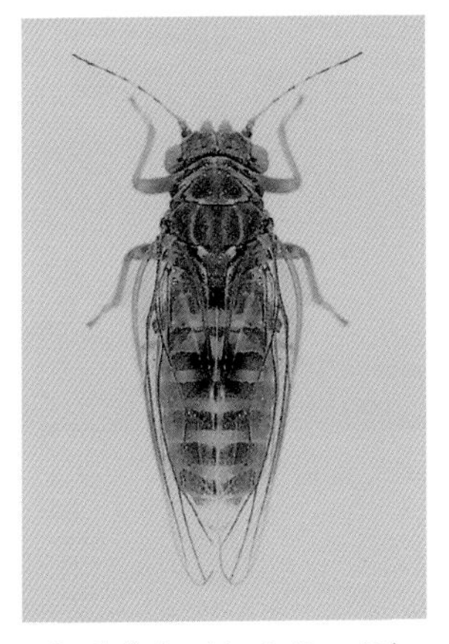
冬型成虫（赵龙龙　摄）

夏型成虫（赵龙龙　摄）

卵：圆形，淡黄色至黄色。

卵（赵龙龙　摄）

若虫：初孵若虫呈淡绿色，后为绿褐色，翅芽在身体两侧突出，呈长圆形。

若虫（赵龙龙　摄）

发生特点

发生代数	不同地区发生代数不同，东北1年发生3～4代，华北1年发生4～5代，并有世代重叠现象
越冬方式	主要以成虫越冬，主要越冬场所为果园的落叶、枯草间，其次为树干50厘米以下的树皮缝隙中，树干50厘米以上较少，但随着树龄的增加，越冬部位也随之上移
生活习性	①不同时期产卵的部位不同。越冬代成虫将卵产在一年生枝梢、果台、短果枝叶痕及芽腋间，以短果枝叶痕处较多，排列成黄色线状，开花后有利于初孵幼虫就近取食，以后各代多产于叶面沿叶脉的凹沟内，也产于叶背，散产或2～3粒产在一起，平均每雌产卵290余粒。②隐蔽为害习性。若虫喜欢在叶柄和叶丛基部（前期）、叶果粘贴处、果袋内、密闭果园的叶背面和其他阴暗处为害，因此给防治带来一定困难。③耐寒性。12月中旬气温降至－2℃时还有若虫在枝条上取食为害，并可产生分泌物，极少数若虫在1月上旬－3℃时还能生存。成虫在0℃左右即出蛰活动。④群居性。在树冠内的种群分布属于聚集分布，往往一处有几头、十几头若虫聚集为害。⑤产生分泌物的习性。在若虫孵化后1～2天就从尾部分泌出一种无色透明的线状蜡质物，随即又分泌一种无色透明的黏稠液体附着在其周围，以后黏液逐渐增加而将若虫包埋，若虫只有在蜕皮时才爬出黏液，蜕皮后继续产生分泌物，并大量堆积，到一定程度后从叶上滴落到下部的叶、果或地面上，使果实被污染，质量降低

防治适期 越冬成虫出蛰盛期和第一代卵孵化盛期，虫龄发生相对整齐，是药剂防治的关键时期。

防治措施

（1）**农业防治** ①秋末早春刮除老树皮，清理残枝、落叶及杂草，集中烧毁或深埋，同时树冠枝芽、地面全面喷布波美3～5度石硫合剂，消灭越冬成虫。②秋季9月下旬在树干上缠草把，诱杀越冬成虫。③严冬来临前全园灌水，可大大减少越冬虫口数。

（2）**物理防治** 在果园内挂置黄色和蓝色粘虫板，利用中国梨木虱的趋色性诱杀成虫。

（3）**生物防治** 中国梨木虱的天敌有花蝽、草蛉、瓢虫、寄生蜂等，以寄生蜂控制作用最大，卵自然寄生率达50%以上，应避免在天敌发生盛期施用广谱性杀虫剂。

（4）**化学防治** 防治适期喷药，可选用22%氟啶虫胺腈悬浮剂4 000倍液、70%吡虫啉水分散粒剂3 000倍液或60克/升乙基多杀菌素悬浮剂1 500倍液等药剂。

温馨提示

中国梨木虱难防治的根本原因是若虫受到分泌物的保护，药剂不能触及虫体，分泌物又是造成间接为害的基础，因此抓好防治适期很重要。

黑刺粉虱

黑刺粉虱又名橘粉虱、柑橘黑粉虱，国内贵州、四川、云南、广东、广西、湖南、湖北、陕西、江苏、安徽、浙江、福建、台湾等省份均有报道。寄主多而杂，除枇杷外，还为害柑橘、梨、苹果、葡萄、柿、月季、茶、蔷薇等数十种植物。

分类地位 *Aleurocanthus spiniferus* (Quaintanca)，属半翅目粉虱科。

为害特点 以成、若虫刺吸叶、果实和嫩枝的汁液，被害叶出现失绿黄白斑点，随为害的加重扩展成片，进而全叶苍白早落。被害果实品质降低，幼果受害严重时常脱落。植物受害后，可诱发煤烟病，枝叶发黑，长势变弱，产量减少。

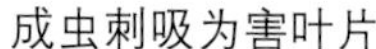
成虫刺吸为害叶片

煤烟病症状

形态特征

成虫：体长1.0 ~ 1.7毫米，宽0.5 ~ 0.7毫米，橙黄色，头胸部暗褐色，覆白色蜡粉，复眼玫瑰红色，肾形，前翅由浅棕色变成紫褐色，覆白色蜡粉，上有6 ~ 9个不规则白色斑纹，后翅淡紫褐色，无白色斑纹，足黄色，腿节和基节微黄色，然后变成浅棕色、深棕色，前足颜色较中足、后足淡，也覆有白色蜡粉，薄覆白粉。触角4 ~ 7节，黄色。

卵：新月形，长0.25毫米，基部钝圆，具1小柄，直立附着在叶上，初乳白后变淡黄，孵化前灰黑色。

若虫：共4龄。初孵若虫无色透明，能爬行，固定后很快变成黑色，有光泽，各龄若虫均在体躯周围分泌一圈白色蜡质物。体背有 6 根浅色刺毛，边缘出现白色蜡质物。

蛹：0.7 ~ 1.1毫米，椭圆形，初为黄色，后渐变黑褐色，有光泽，周缘有较宽的白蜡边，背面显著隆起，胸部具9对长刺，腹部具10对长刺，两侧边缘雌蛹有长刺11对，雄蛹10对。

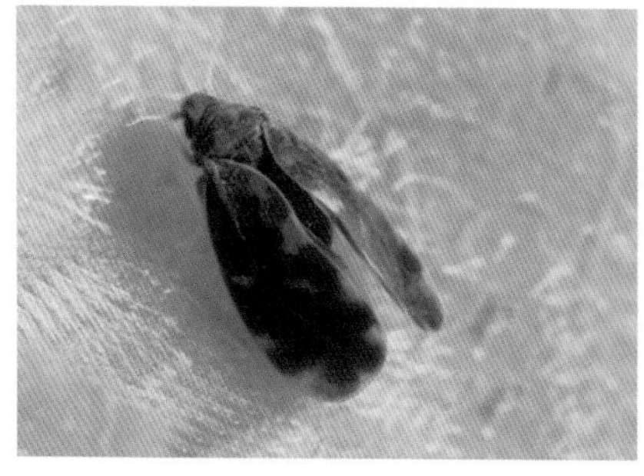

成　虫

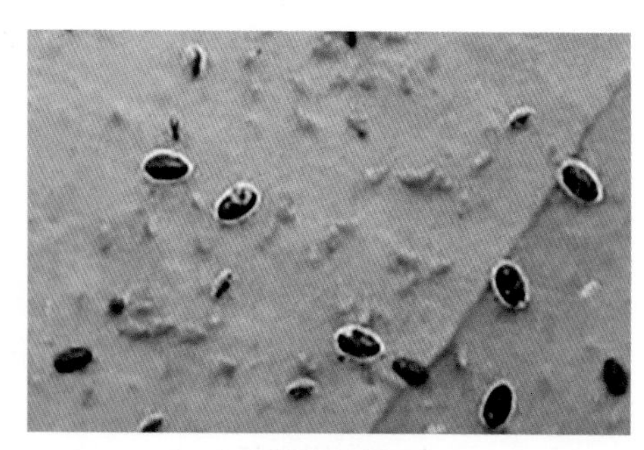

若虫及卵

发生特点

发生代数	在国内，发生代数由北向南逐渐增加，在湖北、湖南、四川、贵州、浙江等地1年发生4～5代，在福建、广东、广西等1地年发生5～6代，世代重叠
越冬方式	以二至三龄若虫在叶背越冬
发生规律	越冬幼虫于翌年3月上旬至4月上旬化蛹，4月羽化成成虫，随后产卵，第一代若虫在4月下旬至6月，第二代在6月下旬至7月中旬，第三代在7月中旬至9月上旬，第四代（越冬代）在10月至翌年2月，大部分发育至二龄幼虫越冬，同时存在一、三龄幼虫
生活习性	成虫喜较阴暗的环境，常在树冠内的枝叶上活动；卵产于叶背，散生或密集呈圆弧形，数粒至数十粒在一起；初孵若虫多在卵壳附近爬动吸食，二、三龄若虫固定寄生，每次蜕皮后，壳均叠于体背；成虫有趋光性，可借风力传播到远方

防治适期 若虫盛发期或成虫大量羽化而未产卵前。

防治措施

（1）**农业防治** ①合理密植，加强栽培管理，重视夏剪和冬剪，中耕除草等。②合理修剪，使果园通风透光，适时中耕除草，加强肥培管理，促使树势健壮。

（2）**生物防治** 可释放寄生蜂或采取果园生草法，保护助长天敌。

（3）**化学防治** 防治适期用药，可选用10%吡虫啉乳油1 000～1 500倍液、10%联苯菊酯乳油5 000～6 000倍液或10%噻嗪酮乳油2 000～3 000倍液。三龄及其以后各虫态的防治，最好用含油量0.4%～0.5%的矿物油乳剂混用上述药剂，可提高杀虫效果。

橘蚜

橘蚜又名腻虫、橘蚰，原产于亚洲柑橘发源地，由于其多型性，现在能够适应各种不同的气候，国内分布普遍。偏好寄主为芸香科、柑橘属植物，包括橘、月橘、金橘、柠檬、橙等，现在枇杷上普遍发生。橘蚜是柑橘衰退病毒（CTV）重要的传播媒介，但在枇杷植株上尚未有传播病毒的报道。

分类地位 *Toxoptera citricidus*（Kirkaldy），属半翅目蚜科。

为害特点 以成、若虫群集刺吸为害枇杷叶片及果实，偏爱叶片已伸展开、稍微老化一些的新梢，它们紧密排列在新梢茎秆和叶脉上取食，导致果实果质差、产量低。橘蚜唾液中含有某些氨基酸和植物生长激素，引起枇杷叶片出现斑点、皱缩等；还可分泌蜜露，滋生真菌，造成叶片和果实上的煤烟病，影响植物的呼吸和光合作用，而且蜜露容易招引蚂蚁，妨碍甚至驱散授粉昆虫和蚜虫天敌的靠近、捕食。

形态特征

成虫：无翅胎生雌蚜体宽，卵圆形，体长约1.3毫米，宽约2.0毫米，全体漆黑色，有光泽，触角灰褐色，复眼红黑色，喙呈黑色，粗大，体背网纹近六角形，腹管呈管状，尾片上着生丛毛，腹网纹横长，腹部缘片表面有微锯齿。前胸和腹部第一、七节有乳头状缘瘤。有翅孤雌蚜体长卵形，体长约2.1毫米，宽约1.0毫米，头、胸部为黑色，腹节背面第一节有细横带，第三至六节各有1对大绿斑，腹管前斑大、后斑小；触角呈黑色，第三节上有圆形感觉圈11 ～ 17个，翅脉为褐色，前翅中脉分三叉，

无翅胎生雌蚜与若蚜

翅痣呈淡黄色。有翅胎生雌蚜与无翅胎生雌蚜相似，但触角第三节有感觉圈12 ~ 15个，呈分散排列，翅白色透明，前翅中脉分三叉。

卵：长约0.6毫米，椭圆形，初产时呈淡黄色，后变黑色。

若虫：体褐色，复眼为红黑色，分有翅型、无翅型，有翅蚜三龄以后可以看见翅芽。

发生特点

发生代数	橘蚜偏爱温热的气候，发生时间短，不同地区发生代数不同，在四川、湖南、江西、浙江等地区1年发生10余代，在福建、广东、广西、云南、台湾等地区1年发生20余代
越冬方式	以卵或成虫越冬
发生规律	3月下旬至4月上旬越冬卵孵化为无翅若蚜为害春梢嫩枝、叶，若蚜成熟后便胎生若蚜，虫口急剧增加，于春梢成熟前达到为害高峰
生活习性	飞行能力较弱，远距离传播主要依靠风的辅助，30℃时发育历期最短仅为6.8天，27℃生殖力最强，平均每只产量67.8头，高温久雨橘蚜死亡率高，寿命短；低温也不利于此虫的发生；干旱、气温较高时此虫发生早且为害重；枝梢、叶片老熟或虫口密度过大等环境条件不适宜时，就会产生有翅蚜，迁飞到其他植株上继续繁殖为害；2、3月多发生无翅蚜，4 ~ 5月和8 ~ 9月间除发生无翅蚜外，常发生有翅蚜

防治适期 新梢有蚜株率20%以上，被害梢率25%以上时。

防治措施

（1）**农业防治** 冬季清园时剪除受害枝梢，集中烧毁，消灭越冬卵。

（2）**物理防治** 挂置黄色板诱杀有翅蚜，减少虫口基数。

（3）**生物防治** ①保护利用天敌。蚜虫天敌较多，常见的有瓢虫（龟纹瓢虫、七星瓢虫、异色瓢虫）、蜘蛛、食蚜蝇、草蛉、小花蝽等，寄生性天敌寄生蜂（阿尔蚜茧蜂、科曼尼蚜茧蜂、柄瘤蚜茧蜂、蚜小蜂）、寄生菌（蚜霉菌）等。②选用生物农药。可选用1.5%苦参碱可溶液剂300倍液进行喷施。

（4）**化学防治** 防治适期开始喷药，每隔7 ~ 10天喷1次，用药1 ~ 2次即可控制为害。可选用70%吡虫啉水分散粒剂3 000倍液、50%抗蚜威可湿性粉剂1 000倍液或10%醚菊酯悬浮剂1 000 ~ 1 500倍液。

梨日大蚜

成虫和若虫群集叶背为害

分类地位 *Nippolachnus piri* Matsumura，属半翅目蚜科。

为害特点 主要以成虫和若虫群集叶背主脉两侧刺吸汁液，被害叶呈现失绿斑点，为害严重时引起早期落叶，削弱树势。

形态特征

成虫：无翅胎生雌蚜长约3.5毫米，体细长后端粗大，淡绿色，密生细短毛。头部较小，复眼较大，淡褐色，胸腹部背面的中央及体两侧具浓绿色斑纹，腹管瘤状，尾片半圆形较小，其上生许多长毛。足细长，密生长毛，胫节末端和附节黑褐色，跗节2节。有翅胎生雌蚜体长约3毫米，翅展约10毫米，体细长，有淡黄色微毛，头小，触角6节，腹部中央及两侧有大黑斑，腹管短大呈瘤形，附近黑色，翅膜质透明，主脉暗褐色。

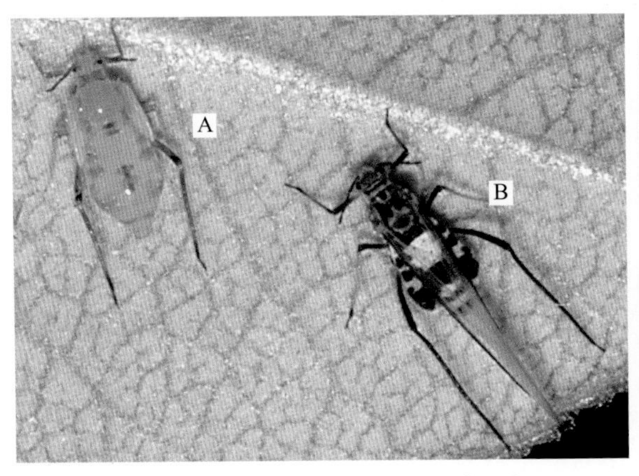

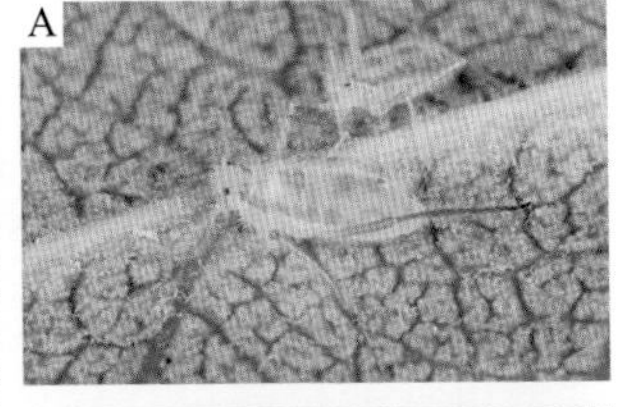

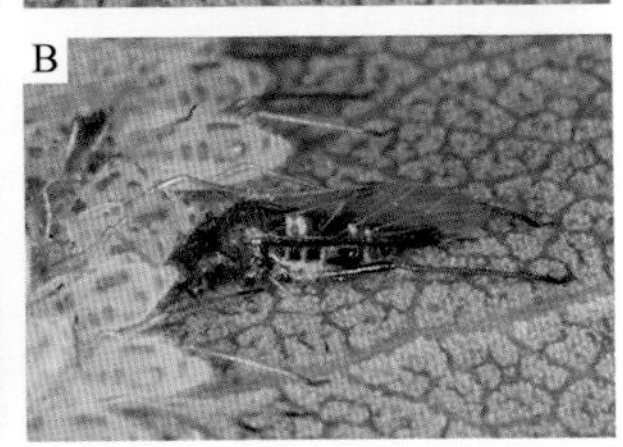

成　虫
a.无翅胎生雌蚜　b.有翅胎生雌蚜

卵：初产时淡黄色，后变黑色，长椭圆形。

若虫：体小，与无翅胎生雌蚜相似。

发生特点

发生代数	国内暂无研究报道
越冬方式	以卵在枇杷植株叶背主脉两侧越冬
发生规律	越冬卵于翌春3月孵化，为害繁殖，4月陆续产生有翅胎生雌蚜，5月迁飞到梨、枇杷枝上为害繁殖，至6月又产生有翅胎生雌蚜，迁飞扩散到其他寄主上为害繁殖，到晚秋产生有翅胎生雌蚜，迁回枇杷上为害繁殖
生活习性	秋后产生无翅雌蚜和有翅雄蚜，交尾产卵

防治适期 参照橘蚜。

防治措施 参照橘蚜。

枇杷巨锥大蚜

枇杷巨锥大蚜是我国发现的一个新种，主要寄主为枇杷。

分类地位 *Pyrolachus macroconns* Zhang et Zhong，属半翅目大蚜科。

为害特点 枇杷巨锥大蚜群集于枝条上吸取汁液，被害枝条生长不良，直至枯死，排泄物蜜露常引起煤污病发生，对树势影响极大。

枇杷巨锥大蚜群集于枝条上为害

形态特征

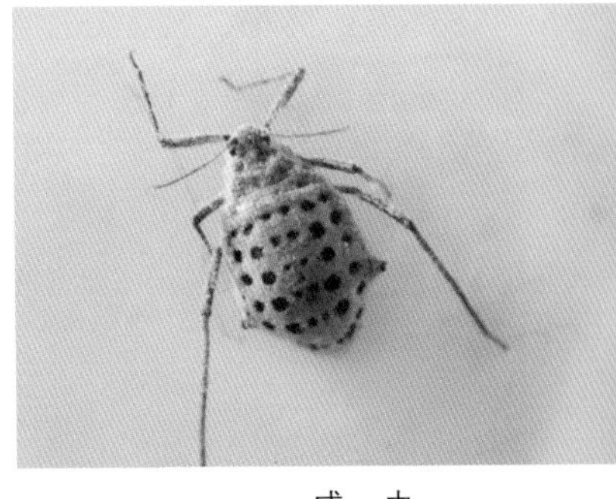
成　虫

成虫：雌蚜体长5.0 ～ 5.6毫米，雄蚜成虫体长4毫米。体椭圆形，灰黑色，被白粉，触角6节，第三节长为第四至六节长度的总和，足部腿节为黄褐色，其余为黑褐色。口喙5节，腹背各节有菊瓣状黑色节间斑6个，排列呈6行。腹部第八节有一条黑色横纹，腹管短截位，尾片半圆形。

干母、性母、雌性蚜、雄性蚜不同点在于触角上的感觉圈差异明显，干母无翅，触角第四节有圆形感觉圈3个，腹背第四至五节间有约1.5毫米高的瘤状指突；性母有翅，触角第三节上有66 ～ 87个感觉圈，第四节14 ～ 19个，第五节5 ～ 7个；雌性蚜无翅，触角第三节有3 ～ 6个感觉圈，第四节5 ～ 6个，后足胫节密布无数伪感觉圈；雄性蚜有翅，触角第三节感觉圈为165 ～ 179个，第四节28 ～ 39个，第五节18 ～ 24个。

卵：长椭圆形，初产时呈黄褐色，后变黑色。

若虫：体椭圆形，长2.2 ～ 4.5毫米，淡黄色至黑褐色，有白粉，腹部瘤状突起明显。

发生特点

发生代数	1年发生2代
越冬方式	以卵在枇杷枝干、叶或其他附着物上越冬
发生规律	该虫在枇杷上春季发生2代（干母、干雌代），夏季迁飞到夏寄主上；秋季迁回枇杷上发生2代（性母、性蚜代），以性蚜产卵越冬。翌年1月中下旬，旬平均温度达7 ～ 8℃时始孵化，3月上旬出现干母。以孤雌胎生繁殖，产下干雌若蚜发育至4月中下旬时，脱皮羽化为有翅干雌成虫，经10 ～ 15天全部迁飞到夏寄主上。9月上旬，旬均温在18 ～ 20℃时，有翅性母迁回枇杷上胎生若蚜，分别发育为有翅雄蚜及无翅雌蚜，交配后产卵越冬
生活习性	成蚜有较强繁殖力，产仔量干母平均为57.2头、性母为67头，性蚜的雄蚜羽化1 ～ 2天后即寻找雌蚜交配。1头雄蚜可与多个雌蚜交配，雌蚜交配后3 ～ 4天即可产卵，每头雌蚜产卵量14 ～ 15粒

防治适期 参照橘蚜。

防治措施 参照橘蚜。

大青叶蝉

大青叶蝉又名大浮尘子、大绿浮尘子、菜蚱蜢、青头虫、大青衣虫等，全国均有分布，除为害枇杷外，还可为害十字花科蔬菜、豆科、茄科、葡萄等多种植物。

大青叶蝉

分类地位 *Cicadella viridis*（Linnaeus）属半翅目大叶蝉科。

为害特点 以成虫和若虫为害叶片，刺吸汁液，造成叶片褪色、畸形、卷缩，甚至全叶枯死。

形态特征

成虫：体长8 ~ 9毫米，头冠黄绿色，前部两侧有淡褐色弯曲横纹，中域有1对黑色斑，复眼褐色，单眼黄褐色，颜面在颊缝末端有1个黑色小点，前胸背板前半部黄绿色，后半部深青绿色，小盾片黄绿色，前翅青绿色，前域淡白色，翅端白色透明，腹部背面蓝黑色，胸部腹板和足橙黄色，腹部背、腹面橙黄色。

卵：香蕉形，长2毫米，宽0.5毫米，初产时淡黄色，末期可见红色眼点。

若虫：初孵时灰白色，后变淡黄色，胸、腹背面具4条暗褐色纵带。

成 虫

若 虫

发生特点

发生代数	1年发生3代
越冬方式	以卵在树皮内越冬
发生规律	翌年4月孵化，第一代成虫5月下旬出现，第二代6月末至7月末出现，第三代8月中旬至9月中旬出现，第一、二代卵发育历期9～15天，越冬代发育历期5个多月，第一代若虫发育历期40～47天、第二代22～26天、第三代23～27天
生活习性	成虫交配次日产卵，卵产于寄主叶背主脉组织中，卵痕呈月牙状，一般10粒左右，排列整齐，第三代成虫羽化20天后交配，卵产在果树表皮内，每雌虫产卵40～60粒；初孵若虫有群集性，成虫趋光性强；清晨和傍晚温度相对低时，成虫和若虫潜伏不动，中午气温高时活跃，7～9月为成虫活动盛期

防治适期 越冬成虫开始活动时以及各代若虫孵化盛期。

防治措施

（1）**农业防治** 加强果园管理，秋冬季节，彻底清除落叶，铲除杂草，集中烧毁，消灭越冬成虫。

（2）**物理防治** 悬挂黄色或蓝色粘虫板诱杀。

（3）**生物防治** 选用400亿孢子/升球孢白僵菌可湿性粉剂，用量为20～30克/亩。

（4）**化学防治** 防治适期喷药，选用70%吡虫啉水分散粒剂3 000倍液、2.5%溴氰菊酯乳油1 000倍液或10%醚菊酯悬浮剂1 000～1 500倍液等，添加有机硅助剂效果更佳。

小绿叶蝉

小绿叶蝉又名桃一点叶蝉、桃小绿叶蝉、一点叶蝉、浮尘子等，寄主多而杂，除为害枇杷外，还可为害樱桃、棉花、茄子、菜豆、十字花科蔬菜、马铃薯、甜菜、水稻、桃、杏、李、梅、葡萄等，我国长江和黄河流域果树上均有发生。

分类地位 *Empoasca flavescens* Fabricins.，属半翅目叶蝉科。

为害特点 以成虫、若虫栖息在嫩叶背面刺吸叶片汁液为害，被害叶片

出现失绿白色斑点，削弱树势，成虫在枝条树皮内产卵，损伤枝干，水分蒸发量增加，被害植株生长受阻。若虫怕阳光直射，常栖息在叶背面为害，严重影响枇杷生产，造成减产。

形态特征

成虫：体长约3毫米，淡绿色，头部向前突出，头冠中长，短于两复眼间宽度，近前缘中央处有2个黑色小点，基域中央有灰白色线纹，复眼灰褐色，颜面色泽较黄，前胸背板前缘弧圆，后缘微凹，前域有灰白色斑点，小盾片基域具灰白色线状斑，前翅透明，微带黄绿色，后翅也透明，腹部背面黄绿色，腹部末端淡清绿色。

卵：长约0.6毫米，椭圆形，乳白色。

若虫：近似于成虫，长2.5 ～ 3.5毫米。

成　虫

若　虫

发生特点

发生代数	1年发生多代
越冬方式	以成虫在植株的叶背隐蔽处或植株间越冬
发生规律	翌年3月下旬越冬成虫开始活动，取食嫩叶为害，为害高峰期在6月初至8月下旬
生活习性	成虫善跳跃，受惊后即跳跃逃脱或飞开，卵多产于叶背主脉两侧基部；若虫孵出后多群集于叶背，受惊时会横行爬动，喜白天活动，气温相对低时活动性差，世代重叠严重

防治适期 参照大青叶蝉。

防治措施 参照大青叶蝉。

桑白盾蚧

桑白盾蚧又名桑盾蚧、桑白蚧、桃介壳虫。该虫在我国分布很广，从海南、台湾至辽宁，华南、华东、华中、西南均有发生。除枇杷外，还可为害桃、李、梅、杏、桑、茶、柿、樱桃、无花果、杨、柳、丁香、苦楝等，寄主植物多达55科120属。

分类地位 *Pseudaulacaspis pentagona*，属半翅目盾蚧科。

为害特点 以若虫和雌成虫群集于树干、树枝固定取食果树的汁液，6～7天后开始分泌物质形成介壳，介壳形成后，防治比较困难。严重发生时，介壳布满枝干，树势减弱，造成枝条和植株死亡。如果防治不力，几年内可毁园。

枝干被害状

形态特征

成虫：雌虫盖在黄褐色的介壳下，介壳近圆形，略隆起，直径2～2.5毫米，拨开介壳，虫体颜色为淡黄色至橘色，口器比较大，臀板颜色较深，背面体节明显，分为头胸、中胸、后胸、腹部，其中腹部有8节，第五至八腹节愈合为臀板。雄虫介壳雪白色，直径1～1.5毫米，蜡质或绒蜡质，长行，两侧平行。

雌成虫　　雄成虫

卵：呈椭圆形，淡红色。

若虫：体椭圆形，雌虫橘红色，雄虫淡黄色。一龄时有足，3对，二龄后退化。

发生特点

发生代数	1年发生4代
越冬方式	以受精雌成虫在枝干上越冬
发生规律	翌年果树萌动之后开始吸食为害，2月底至3月中旬为越冬成虫产卵盛期，第一、二代若虫孵化较整齐，第三、四代不甚整齐，世代重叠
生活习性	雄成虫寿命1天左右，羽化后便交尾，交尾后不久即死亡，雌成虫介壳与树体接触紧，在产卵期较为松弛。卵产于介壳下，产完卵后虫体腹部缩短，色变深，不久干缩死亡。一般新受害的植株雌虫数量较大，受害已久的植株雄虫数量逐增，严重时雄介壳密集重叠

防治适期

若虫盛孵期至一龄若虫期。

防治措施

（1）**植物检疫**　加强检疫，调进苗木时，发现带有桑白盾蚧，应将苗木烧毁。

（2）**农业防治**　冬季清园时剪除受害重的枝条，并集中烧毁。

（3）**化学防治**　防治适期及时施药防治，可选用22.4%螺虫乙酯悬浮剂4 000 ~ 5 000倍液、99% SK矿物油100 ~ 200倍液，用药时加有机硅助剂效果更佳。

矢尖蚧

矢尖蚧又名矢根介壳虫、矢尖盾蚧、尖头介壳虫。寄主除枇杷外，还可为害柑橘、柿、梨、杏、葡萄、茶等多种作物。

分类地位　*Unaspis yanonensis*（Kuwana），属半翅目盾蚧科。

为害特点　以成虫和若虫群集在枝干、叶、果实上为害，吸食植株汁液，导致叶片褪绿发黄，严重时叶片干枯、树势衰弱，甚至引起植株死亡，果实受害后，果面被害处布满虫壳且青而不着色，影响商品价值。

雌蚧、雄蚧（白色）和幼蚧（小点）

形态特征

成虫：雌虫介壳细长，长2.0 ~ 3.5毫米，紫褐色，周围有白边，前端尖，后端宽，中央有1条纵脊，脱皮位于前端。雄虫介壳白色，蜡质，长形，长1.3 ~ 1.6毫米，两侧平行，壳背有3条纵脊，脱皮位于前端。雌成虫体橘黄色，长约2.5毫米，雄成虫体橘黄色，长约0.5毫米，具翅1对。

卵：椭圆形，长约0.2毫米，橘黄色。

若虫：初孵若虫长0.25毫米，橘黄色，扁平状；二龄若虫长约1毫米，触角、胸、腹分节明显。

发生特点

发生代数	不同地区发生代数不同，甘肃、陕西1年发生2代，湖南和四川1年发生3代，浙江1年发生2 ~ 3代，西南地区、福建1年发生3 ~ 4代
越冬方式	一般以受精雌成虫越冬，少数以若虫和蛹越冬
发生规律	在华南、西南地区，第一代若虫于5月中、下旬出现，为害枇杷叶片及果实；第二、三代若虫分别在7月中旬及9月上旬出现，为害叶片及枝干
生活习性	雌成虫产卵期可达40余天，卵产于母体下，每雌可产卵100余粒，数小时后即可孵化为若虫。初孵若虫经1 ~ 2小时的爬行后即固定下来，并以刺吸式口器刺入组织为害。雌若虫多分散为害，经三龄后直接变为雌成虫，雄若虫则常群集于叶背为害，二龄后变为预蛹，再经蛹变为成虫

防治适期 若虫盛孵期。

防治措施

（1）**农业防治** 结合修剪，剪除有虫叶、枝，集中烧毁。

（2）**生物防治** 利用天敌进行防控，已发现的重要天敌有日本方头甲、寡节瓢虫、整胸节瓢虫、红点唇瓢虫、矢尖蚧蚜小蜂、花角蚜小蜂等。

（3）**化学防治** 在防治适期喷施22.4%螺虫乙酯悬浮剂4 000 ~ 5 000倍液、99% SK矿物油100 ~ 200倍液、48%毒死蜱乳油1 000倍液，用药时加上有机硅助剂效果更佳。

梨牡蛎蚧

果树上一种常见害虫，寄主有月季、梨、李、梅、枇杷、丁香等果树。

分类地位 *Lepidosaphes conchiformis* (Gmelin)，属半翅目盾蚧科。

为害特点 以若虫、成虫群集于新梢、枝干吸食汁液为害，受害枝条常因营养损失过多而枯死，严重影响树势。

若虫、成虫群集枝干为害

形态特征

成虫：雌介壳长条形，长1.6 ~ 2.5毫米，宽0.8 ~ 1.0毫米，后端逐渐加阔，隆起。第一蜕皮灰白色，第二蜕皮褐色。雄介壳长1.2毫米，宽0.35毫米，和雌介壳相像，但较小，蜕皮淡褐色。雌成虫长1.2 ~ 1.5毫米，宽0.6 ~ 0.7毫米，体长纺锤形，最阔处在腹部第一、二节，分节明显，白色或淡黄色，臀板橙黄色，触角瘤状，有2根短粗的毛。

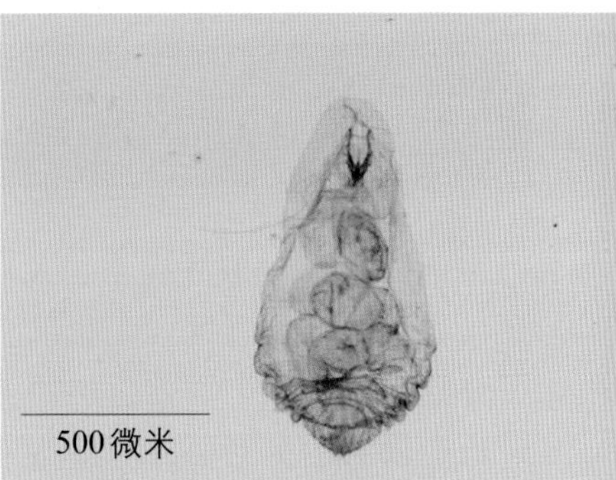

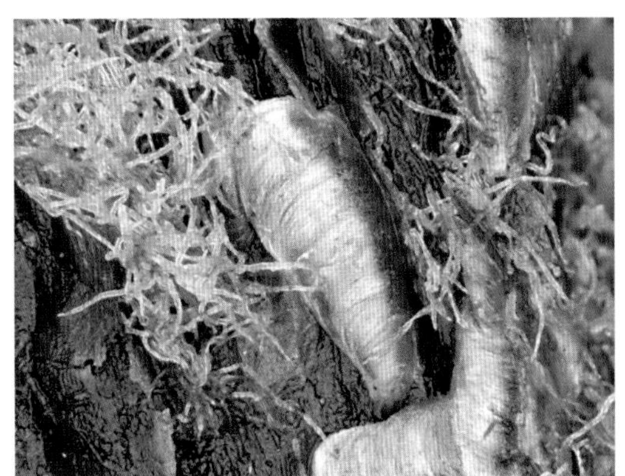

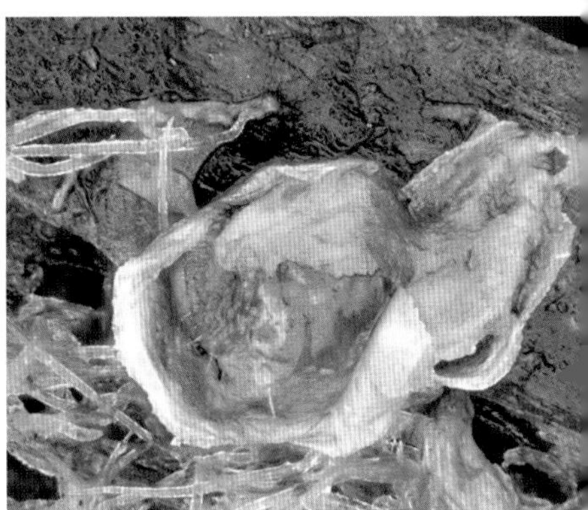

梨牡蛎蚧形态特征（刑济春 摄）

发生特点

发生代数	1年发生1代
越冬方式	以卵在雌介壳下越冬
发生规律	翌年5月上旬若虫开始孵化，5月中旬为盛孵期，6月初基本孵化完毕。雄若虫约经20天开始化蛹，再经17天左右羽化为成虫；雌若虫约经40天脱两次皮进入成虫期。雌雄交配后，8月中旬受精雌成虫开始产卵，历时约40天，10月初产卵结束
生活习性	卵多产于介壳下，排列成行；初孵若虫爬行到树干、枝条、叶片及果实上固定寄生

防治适期 参照矢尖蚧。

防治措施 参照矢尖蚧。

草履蚧

草履蚧属大型介壳虫，又名草鞋介壳虫，除为害枇杷外，还可为害海棠、樱桃、无花果、紫薇、月季、红枫、柑橘等40多种植物，在我国河北、山西、山东、陕西、河南、青海、内蒙古、浙江、江苏、上海、福建、湖北、贵州、云南、重庆、四川、西藏等地均有分布。

草履蚧

分类地位 *Drosicha contrahens* Kuwana，属半翅目硕蚧科。

为害特点 若虫和雌成虫常成堆聚集在芽腋、嫩梢、枝干上或分杈处吮吸汁液为害，造成植株生长不良，早期落叶，严重时导致树体死亡。

雌成虫为害枝干

形态特征

成虫：雄成虫体长4 ～ 6毫米，呈暗红至紫红色，1对翅，腹部末端有2对尾瘤；雌成虫体长10 ～ 13毫米，呈扁平椭圆形，背呈灰褐色至淡黄色，微隆起，边缘呈橘黄色，表面密生灰白色的毛，头部触角呈黑色，有粗刚毛，整个体表附有一层白色的薄蜡粉。

雌成虫

卵：长约1毫米，椭圆形，初产时黄白色，后渐变为赤褐色，卵产于白色绵状卵囊内，内有卵10至100余粒。

若虫：体小，色深，外形与雌成虫相似，赤褐色。触角棕灰色，第三节色淡。

若 虫

雄蛹：圆筒形，褐色，长约5毫米，外被白色绵状物，有1对翅芽，达第二腹节。

发生特点

发生代数	1年发生1代
越冬方式	以卵在土表、草堆、树干裂缝处和树杈处越冬
发生规律	12月中下旬到翌年1月上旬卵开始孵化，孵化后的若虫仍停留在卵囊内，1月中下旬到2月上中旬开始出土上树，2月上中旬达盛期，3月上旬基本结束。3月下旬至4月初第一次蜕皮，蜕皮后虫体增大，活动力强，开始分泌蜡质物；4月中下旬第二次蜕皮，若虫不再取食，潜伏于树缝、树基、土缝等处，分泌大量蜡丝缠绕化蛹；4月下旬至5月上旬雌若虫第三次蜕皮后变为雌成虫，并与羽化的雄成虫交尾
生活习性	初孵若虫行动不活泼，喜在树洞或树杈等处隐蔽群居。雄成虫不取食，多在傍晚活动，飞行或爬至树上寻找雌虫交尾，阴天可整日活动，寿命3天左右，交尾后即死去。雌虫交尾后仍需吸食为害

防治适期 若虫上树期、若虫盛发期及产卵期。

防治措施

（1）**农业防治** ①冬季深翻土壤，消灭土壤中的成虫和卵。②在雌成虫下树产卵前，在树根基部挖环状沟，宽30厘米，深20厘米，填满杂草，引诱雌成虫产卵，待产卵期结束后取出杂草烧毁，消灭虫卵。

（2）**生物防治** 保护天敌，如红环瓢虫对草履蚧具有较好的捕食效果。

（3）**化学防治** ①卵开始孵化至初孵若虫上树前，即1月上旬至2月上旬，用机油5份加热后加入1份羊毛脂（质量比），将熔化的混合物在树干高80～100厘米处涂宽10～15厘米的封闭环，阻隔若虫上树为害。②在若虫盛发期喷施22.4%螺虫乙酯悬浮剂4 000～5 000倍液、99% SK矿物油100～200倍液或22%氟啶虫胺腈悬浮剂5 000倍液等药剂。

星天牛

星天牛又名柳星天牛、白星天牛，幼虫又称凿木虫，在我国分布极为广泛，辽宁、河北、北京、天津、内蒙古、宁夏、陕西、甘肃、河南、山西、山东、江苏、安徽、江西、湖北、湖南、四川、上海、浙江、福建、广东、广西、云南、贵州等地均有发生。

星天牛

分类地位 *Anoplophora chinensis* (Forster)，属鞘翅目天牛科。

为害特点 幼虫为害成年树的主干基部和主根，破坏树体养分和水分的输送，致使树势衰退，重者整株枯死。成虫咬食嫩枝皮层，形成枯梢，也可食叶成缺刻状。

枝干被害状

形态特征

成虫：体长26 ~ 39毫米，宽6 ~ 14毫米，全体漆黑色有光泽，具小白斑。前胸背板中瘤明显，侧刺突粗壮。鞘翅基部密布颗粒，鞘翅表面散布有许多由白色细绒毛组成的斑点，不规则排列。触角自第三节后节基半部被灰白色细绒毛，呈淡色毛环，雄虫触角倍长于体长，雌虫稍长于体长。复眼黑褐色，翅面上具较小的白色绒毛斑，一般15 ~ 20个，隐约排列成不整齐的5个横列。

卵：长椭圆形，长5 ~ 6毫米，乳白色，孵化前黄褐色。

幼虫：淡黄白色，长45 ~ 67毫米。前胸背板前方左右各有1个黄褐色飞鸟形斑纹，后方有1块黄褐色“凸”字形大斑纹。

成　虫

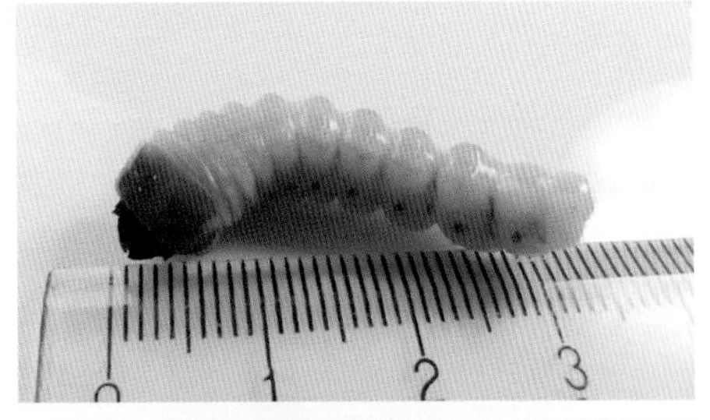

幼　虫

蛹：长28 ~ 33毫米，乳白色，羽化前黑褐色，触角细长并向腹中线强卷曲。

发生特点

发生代数	1年发生1代
越冬方式	以幼虫在树干基部或主根内越冬

（续）

发生规律	幼虫通常于11 ~ 12月开始越冬，翌年春化蛹，成虫在4 ~ 5月开始出现，5 ~ 6月为活动盛期，5 ~ 8月上旬产卵，产卵盛期在5月下旬至6月中旬，幼虫始见期在6月上旬，6 ~ 7月为幼虫孵化期
生活习性	成虫羽化后咬破羽化孔处的树皮爬出，喜在树冠处咬食嫩枝皮层和取食叶片，飞翔能力不强，一般飞行不超过20米。喜在晴天上午和傍晚活动，交尾、产卵多在黄昏，成虫寿命30 ~ 60天，交尾后约15天产卵，多产在较粗的树干基部，以距地面3.5 ~ 5厘米处最多，产卵处皮层隆起裂开，外观呈倒T形或L形伤口，表面湿润 初孵幼虫在树干皮下向下蛀食，呈狭长沟状，及达地平线以下，才向树干基部周围扩展迂回蛀食，常因数头幼虫环绕树皮下蛀食成圈，可使整株枯死，蛀道长10 ~ 15厘米，虫道的上部为蛹室，占5 ~ 6厘米，其出口为羽化孔，下部为蛀入的通路，其入口为蛀入孔。蛀入木质部后咬碎的木质及粪便，部分阻塞孔内，部分推出孔外。排出物堆积于树干基部周围

防治适期 卵期及初孵幼虫期。

防治措施

（1）**农业防治** 主要采取人工捕杀，一是在树干基部发现有产卵裂口和流出泡沫状胶质时，用刮刀刮除树皮下卵粒和初孵幼虫，并用石硫合剂或波尔多液涂抹，如在树干基部发现有虫粪，即用铁丝，钩杀蛀入木质部内的幼虫；二是在5 ~ 6月成虫活动盛期，晴天中午在枝梢及枝叶茂密处或傍晚在树干基部，利用成虫假死性，伺机捕杀成虫。

（2）**化学防治** 在树干基部发现有虫粪后毒杀幼虫，用棉球蘸80%敌敌畏乳油50 ~ 100倍液塞入虫孔，并用胶带或湿泥封堵。

毒杀幼虫

桑天牛

桑天牛又名粒肩天牛、桑干黑天牛、褐天牛，俗称“铁炮虫”，是一种杂食性害虫，在我国大部分地区广泛分布，目前仅西藏、青海、内蒙古、吉林、黑龙江等地无分布。桑天牛寄主广泛，目前记录的有桑、构、无花果、白杨、欧美杨、柳、榆、苹果、沙果、樱桃、梨、野海棠、柞、刺槐、树豆、枇杷、油桐、花红、柑橘等。

桑天牛

分类地位 *Apriona germari*（Hope），属鞘翅目天牛科。

为害特点 初孵幼虫在2～4年生枝干中，先向上蛀食10毫米左右，即回头沿枝干木质部蛀食，逐渐深入心材。幼虫在蛀道中，每隔一定距离向外咬一圆形通气排粪孔，第一年排粪孔为5～7个，第二年增至10～14个，第三年达14～17个，蛀道一般为200厘米。从枝干被害处表面，自上向下至主干可见到一串排粪孔，孔内无虫粪，孔外和地面上有红褐色虫粪。幼虫蛀食木质部，影响果树生长，易使树干坏死腐朽。成虫在树枝上的产卵刻槽呈U形，被蛀食枝条生长衰弱，叶色变黄，严重时枝干枯死。

形态特征

成虫：体长36～46毫米，黑褐色，密披棕黄色或黄褐色绒毛，鞘翅基部有许多颗粒状黑色突起。头部和前胸背板中央有纵沟，前胸背板有横隆起纹，两侧中央各有1个刺状突起。

成　虫

幼　虫

卵：椭圆形，长6 ～ 7毫米，初产时乳白色，近孵化时为黄白色。

幼虫：圆筒形，乳白色，头部黄褐色，第一胸节特别大，方形，背板上密生黄褐色刚毛和赤褐色粒点，并有凹陷的“小”字形纹。

蛹：长约50毫米，淡黄色。

发生特点

发生代数	2 ～ 3年完成一个世代
越冬方式	以幼虫在树干隧道中越冬
发生规律	幼虫经过2个冬天，在第三年6 ～ 7月于蛀道内最下1 ～ 3个排粪孔上方外侧咬一个羽化孔，使树皮肿起，在羽化孔下做蛹室化蛹，并在7月间化为成虫，成虫羽化后一般夜间活动，10 ～ 15天开始产卵
生活习性	成虫先啃食嫩枝皮层、叶片和幼芽，产卵时成虫多选择10毫米粗的小枝条，将表皮咬成U形刻槽，卵产在被咬食枝条的伤口内，每处产卵1 ～ 5粒，一生可产卵100余粒。孵化幼虫先向枝条上方蛀食约10毫米，后向下蛀食枝条髓部，每蛀食5 ～ 6厘米长时向外蛀一排粪孔，由此排出粪便，堆积地面。随着幼虫的长大，排粪孔的距离也愈来愈远。幼虫多位于最下一个排粪孔的下方

防治适期 卵期及初孵幼虫期。

防治措施

（1）**农业防治** ①捕捉成虫。成虫盛发期时，利用成虫假死性人工捕捉。特别是在雨后，成虫会大量出现。②钩杀幼虫。巡查果园，用刮刀刮卵及皮下幼虫，钩杀蛀入木质部内的幼虫。

（2）**生物防治** 通过保护利用天敌，控制桑天牛。花绒坚甲和肿腿蜂可寄生桑天牛幼虫和蛹，长尾啮小蜂和天牛卵姬小蜂寄生桑天牛卵，啄木鸟可捕食桑天牛幼虫，这些天敌对天牛类种群数量均有一定的抑制作用。

（3）**化学防治** 用棉球蘸80%敌敌畏乳油50 ～ 100倍液塞入虫孔，并用胶带或湿泥封堵毒杀幼虫。

铜绿丽金龟

成虫体背铜绿具金属光泽，故名铜绿丽金龟，除为害枇杷外，还能为害苹果、山楂、海棠、梨、杏、桃、李、梅、柿、核桃、酯栗、草莓等多种植物。

分类地位 *Anomala corpulenta* Motschulsky.，属鞘翅目丽金龟科。

为害特点 成虫为害叶片，将其吃成缺刻或孔洞，影响光合作用。化蛹前幼虫（蛴螬）长期生活在浅土层中，啃食为害幼树颈部皮层和幼根，影响根部水分和养分吸收，造成枇杷树生长受阻，严重影响树势和果实产量。

形态特征

成虫：长卵圆形，体长15 ～ 22毫米，宽8.3 ～ 12.0毫米，背腹扁圆，体背铜绿具金属光泽，头、前胸背板、小盾片色较深，鞘翅色较浅，腹面乳白、乳黄或黄褐色。头、前胸、鞘翅密布刻点。小盾片半圆，鞘翅背面具2条纵隆线，缝肋显，唇基短阔梯形。前线上卷。触角鳃叶状9节，黄褐色。前足胫节外缘具2齿，内侧具内缘距。胸下密被绒毛，腹部每腹板具毛1排。前、中足爪一个分叉，一个不分叉，后足爪不分叉。

成　虫

卵：初产时椭圆形，长1.65 ～ 1.93毫米，宽1.30 ～ 1.45毫米，乳白色，孵化前近圆球形，长2.4 ～ 2.6毫米，宽2.1 ～ 2.3毫米，卵壳表面光滑。

幼虫：金龟子幼虫统称为蛴螬，是重要的地下害虫。三龄幼虫体长30 ～ 33毫米，老熟幼虫体长30 ～ 35毫米，乳白色，头黄褐色近圆形，头部前顶刚毛每侧6 ～ 8根，排成一纵列。

蛹：裸蛹，椭圆形，长约20毫米，宽约10毫米，土黄色。

发生特点

发生代数	1年发生1代
越冬方式	以三龄幼虫在地下越冬，也有少数以二龄幼虫开始地下越冬
发生规律	翌年春季气温回升解除滞育，5月下旬至6月上中旬在15 ～ 20厘米的土层中化蛹，6月中下旬至7月末是成虫发生为害盛期，10月中上旬幼虫在土中开始下迁越冬

（续）

生活习性	各地生活习性略有不同，但具体差异并不大。翌年春季，随着气温回升越冬幼虫开始活动，成虫多在傍晚进行交配产卵，晚间至凌晨为害，凌晨3：00～4：00飞离果园重新到土中潜伏。成虫喜欢栖息在疏松、潮湿的土壤中，潜入深度一般为7～10厘米。成虫有较强的趋光性和假死性，风雨天或低温时常栖息在植株上不动。成虫于夜晚闷热无雨时活动最盛。成虫于6月中旬产卵，雌虫每次产卵20～30粒

防治适期 成虫盛发期。

防治措施

（1）**农业防治** 在冬季翻耕果园土壤，可杀死土中的幼虫和成虫。

（2）**物理防治** ①利用成虫趋光性，设置黑光灯或频振式杀虫灯在夜间诱杀。②利用其假死性，在清晨或傍晚振动树枝捕杀成虫。

（3）**生物防治** 可撒施2亿孢子/克CQMa421金龟子绿僵菌颗粒剂，亩用5千克。

（4）**化学防治** 成虫防治可选用48%毒死蜱乳油800～1 600倍液或2.5%溴氰菊酯乳油1 500倍液喷雾。幼虫防治可选用毒土法（5%毒死蜱颗粒剂或5%辛硫磷颗粒剂），也可选用灌根法（48%毒死蜱乳油1 000倍液）。

棉古毒蛾

棉古毒蛾又名荞麦毒蛾、灰带毒蛾，在我国分布于广东、广西、云南、台湾、福建等地。寄主除枇杷外，还有乌桕、桑树、茶、橡胶、柑橘、苹果、桃、梨、橄榄、蓖麻、棉花、荞麦、大豆、花生、甘薯、马铃薯、甘蓝、葱等。

分类地位 *Orgyia postica*（Walker），属鳞翅目毒蛾科。

为害特点 以幼虫为害叶片，发生严重时常将叶片吃光。

形态特征

成虫：雌雄异型，雌蛾无翅，雄蛾有翅。雌蛾翅退化，黄白色，腹部稍暗，体长13～16毫米。雄蛾翅展22～25毫米，体和足褐棕色，触角浅棕色，栉齿黑褐色，前翅棕褐色，基线黑色，外斜，内线黑色，波浪形，外弯，横脉纹棕色带黑边和白边，外线黑色，波浪形，亚端线黑色，双线，波浪形，亚端区灰色，有纵向黑纹，端线由一列间断的黑褐色线组成，缘毛黑棕色有黑褐色斑，后翅黑褐色，缘毛棕色。

卵：球形，顶端稍扁平，直径0.7 ~ 0.8毫米，白色，有淡褐色轮纹。

幼虫：老熟幼虫体长34 ~ 36毫米，头部红褐色，体浅黄色，有稀疏棕色毛，背线及亚背线棕褐色，前胸背面两侧和第八腹节背面中央各有1个棕褐色长毛束，第一至四腹节背面各有1丛黄色刷状毛，第一和第二腹节两侧各有灰黄色长毛束，翻缩腺红褐色。

蛹：长约18毫米，黄褐色至棕褐色。

茧：灰黄色，椭圆形，粗糙，表面附着黑褐色毒毛。

成　虫

幼　虫

发生特点

发生代数	1年发生5 ~ 6代
越冬方式	以三至五龄幼虫在老叶或树皮缝内越冬
发生规律	越冬代幼虫翌年3月上旬开始结茧化蛹，3月下旬始见成虫羽化。各代幼虫为害盛期：第一代4月中、下旬，第二代5月中旬至6月上旬，第三代3月上旬至下旬，第四代8月中旬至9月中旬，第五代10月上旬至11月上旬，第六代2月下旬至3月中旬

（续）

生活习性	成虫羽化后，当晚即可交尾，交尾多在19:00 ~ 23:00；雌蛾一生交尾1次，少数交尾2次；雌蛾交尾后第二天开始产卵，每雌平均产卵326粒，最少72粒，最多576粒；卵成堆产于茧外或茧附近的叶上，卵表覆盖绒毛；幼虫整天都可孵化，初孵幼虫先取食卵壳，然后才取食嫩叶，一龄幼虫群栖在嫩叶上为害，仅取食叶肉组织，留下叶背表皮，二龄后幼虫开始分散活动取食，食枇杷叶片成小洞或缺刻，三至五龄幼虫可食尽全叶，并能转株为害；幼虫整天均可取食，晴天常爬到背阳处取食、活动

防治适期 卵孵化盛期至低龄幼虫期。

防治措施

（1）**农业防治** 人工摘除卵块，集中烧毁。

（2）**物理防治** 应用频振式杀虫灯诱杀成虫。

（3）**生物防治** 一是保护和利用赤眼蜂等寄生性天敌，二是使用生物药剂进行防控，可选用400亿孢子/克球孢白僵菌可湿性粉剂（25 ~ 30克/亩）、100亿PIB/克斜纹夜蛾核型多角体病毒悬浮剂（60 ~ 80毫升/亩）等生物农药。

（4）**化学防治** 在防治适期可选用10%阿维·氟酰胺悬浮剂1 500倍液或1%甲氨基阿维菌素苯甲酸盐乳油1 000倍液等进行防治。

柑橘小实蝇

柑橘小实蝇又名橘小实蝇、东方果实蝇，俗称黄苍蝇或果蛆，是果树上重要害虫之一。分布于四川、贵州、广东、广西、福建、湖南、云南和台湾等地。寄主除枇杷外，还为害柑橘、甜橙、金橘、火龙果、柚、洋桃、桃、李、木瓜、石榴、香果、香蕉等多种植物。

分类地位 *Dacus dorsalis*（Hendel），属双翅目实蝇科。

为害特点 主要以幼虫蛀食为害。雌成虫将产卵器插入果皮下产卵，果皮被刺破后常变为褐色或黑色，一般果皮表面留有直径约1毫米的圆形产卵孔。果实遭到雌虫产卵刺伤后，汁液流出，病菌易侵入引起果实腐烂。幼虫孵化后潜居果肉中取食汁液，致使果肉损坏、腐烂。果实外面看似完好，由于内部腐烂，故造成未熟落果。

形态特征

成虫：体长6.55 ~ 7.5毫米，深黑色和黄色条纹相间。头部黄色或者黄褐色，复眼红棕色，下方各有1个圆形大黑斑，排列成三角形，单眼3个。腹部黄色，第一、二节背面各有1条黑色横带，从第三节开始中央有1条黑色的纵带直抵腹端，构成1个明显的T形斑纹。翅透明，翅脉黄褐色，有三角形翅痣。

成　虫

卵：梭形，长约1毫米，宽约0.1毫米，乳白色，一端较细而尖，另一端略钝。

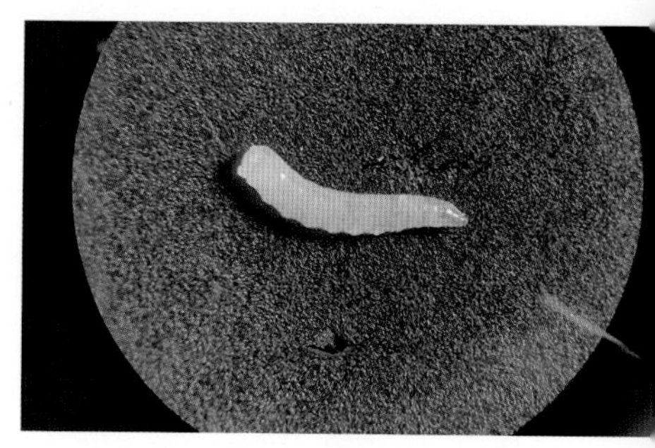

幼　虫

幼虫：蛆形，体长约10毫米，乳白色或淡黄色，圆锥形，前端细小，后端圆大，由11节体节组成，体节大小不一，口器黑色，前气门具9 ~ 10个指状突。

蛹：长约5毫米，椭圆形，黄褐色。

发生特点

发生代数	不同地区的发生代数差异大，南方各省1年发生3 ~ 5代
越冬方式	无严格冬眠，在有明显冬季的地区，以蛹在土壤表层中越冬。据沈发荣（1997年）报道，在云南，以老熟幼虫及成虫在树冠下潮湿的土壤中越冬

（续）

发生规律	据王树明（2016年）报道，云南玉溪市每年的11月至翌年的5月为橘小实蝇种群数量的低谷期，6月数量开始较快增长，6～9月为全年发生高峰期，10月以后种群数量开始大幅下降。据黄素青（2005年）报道，在广东省橘小实蝇每年有2个为害高峰，从5月开始成虫发生量逐渐增多，8月出现第一个发生高峰，11月出现第二个高峰，直到12月成虫发生数量下降。在长江以北的发生规律目前尚无系统研究报道
生活习性	橘小实蝇幼虫共3龄，基本上在果实内生长发育，三龄幼虫老熟后钻出果实，脱离果实到土壤表面，通过不断弹跳寻找到适合的化蛹场所后入土化蛹，羽化后钻出地面。雌虫喜欢在果实软组织、伤口处、凹陷处、缝隙处等地方多点产卵，单雌产卵量为160～200粒。成虫具有趋光性，田间成虫多喜在上午天气较凉爽期间取食。整个成虫期橘小实蝇要通过不断觅食来维持自己的生命活动和达到性成熟，发育成熟后开始交尾，交尾为重叠式，一般在傍晚至黎明前进行。在野外自然条件下可远距离扩散迁移，其迁飞能力强是造成其分布和发生区域不断扩张的原因之一

防治适期 成虫羽化高峰始期。监测成虫羽化高峰期，为诱杀防控提供数据支撑，主要使用甲基丁香酚诱剂，每亩果园1～2个诱集瓶，单日诱集3～5头成虫即可开展防治工作。

防治措施 柑橘小实蝇绿色防控是一项系统的综合性防控技术。目前生产上主要是在农业防治的基础上，通过开展监测，在成虫羽化进入高峰期前及时开展诱杀，同时在成虫大量出现后其他措施不可控的情况下辅以化学防治，实现有效防控。

（1）**农业防治** ①合理调整作物布局。避免把不同成熟期的果树安排在同一果园，尽量阻断橘小实蝇寄主食物来源，避免其通过转主寄生为害完成周年繁殖，如在枇杷园内和附近不栽植番茄、苦瓜、芒果、桃、番石榴、番荔枝和梨等。②搞好果园卫生。及时收集果园地面上的落果并深埋或沤烂，可以杀死果实中的幼虫和蛹，也可以集中起来装入厚塑料袋内，扎紧袋口放到太阳光下高温闷杀，防止幼虫入土化蛹，能有效减少虫源。③翻耕园土灭虫。冬、春季翻耕果园和其附近的土壤，可减少和杀死土中越冬的幼虫和蛹，降低第二年的果园虫口基数。

（2）**物理防治** 推广果实套袋技术，套袋可保护枇杷果实，有效避免橘小实蝇产卵为害。

（3）**生物防治** ①保护和利用天敌。充分发挥其自然控制作用，橘小实蝇寄生性天敌种类有70余种，如实蝇茧蜂、跳小蜂、黄金小蜂等，应对寄生蜂进行保护与大量繁放，使其有效控制橘小实蝇。②在果园中放养山鸡。鸡不仅可以吃落地虫蛹，同时还可吃掉落在地上的烂果。

枇杷上诱杀柑橘小实蝇

（4）**化学防治** ①采前防治。在成虫初发期，对树冠均匀喷洒2.5%溴氰菊酯乳油2 000倍液或1%甲氨基阿维菌素苯甲酸盐乳油1 000倍液，交替使用来防治成虫。由于橘小实蝇发生期长，需3 ~ 5天喷洒1次，连续喷洒2 ~ 3次，方能获得较好的防治效果。注意在果实采收前15天停止用药。②采后防治。在果实采收后和春季成虫羽化出土时，用50%辛硫磷乳油400 ~ 600倍液喷洒果园地面，每隔7天施药1次，连续喷洒2 ~ 3次，可有效杀灭入土化蛹的幼虫和刚羽化出土的成虫。

易混淆害虫

柑橘小实蝇与瓜实蝇、南瓜实蝇、具条实蝇的形态区别

项目	柑橘小实蝇	瓜实蝇	南瓜实蝇	具条实蝇
中胸背板	横缝后具2条黄色纵条	横缝后具3条黄色纵条		
翅脉	前缘带褐色，伸至翅尖，较狭窄，其宽度不超出R_{2+3}脉；臀条褐色，不达后缘	前缘带于翅端扩展成1个大斑，其宽度达R_5室上部的2/3；臀条暗褐色，较宽，伸至后缘	前缘带于翅端扩展成1个椭圆形斑；臀条宽阔，伸至后缘	前缘带褐色，伸至翅尖，较狭窄；臀条褐色，不达后缘
腹部	腹部第二背板前缘有1条黑色狭短带；第三背板前半部有1条黑色宽横带，第四背板的前侧常有黑色斑纹；腹部中央有1条黑色狭纵条，自第三背板的前缘直达腹部末端	腹部第二背板的前中部有一褐色狭短带；第三背板前缘有一褐色狭窄长横带；第四、五背板的前侧具褐色斑纹；第三至五背板中央具1条黑色纵带	腹部第二、三背板的前端各有1条黑色横带；第四、五背板的前侧一般亦有黑色短带；腹背中央的1条黑色纵条自第三背板的前缘直达第五背板的后缘	第二、三、四、五背板的前端各有1条黑色宽横带

褐带长卷叶蛾

褐带长卷叶蛾又名咖啡卷叶蛾、茶卷叶蛾、后黄卷叶蛾、茶淡黄卷叶蛾、柑橘长卷蛾，俗称吐丝虫、跳步虫、裹叶虫。贵州、广东、广西、云南、四川、安徽、福建、湖南、浙江和台湾等地均有分布，寄主除枇杷外，还可为害咖啡、龙眼、柑橘、荔枝、柿、板栗和银杏等。

分类地位 *Hornona coffearia*（Meyrick），属鳞翅目卷蛾科。

为害特点 主要以幼虫为害嫩芽或嫩叶，常吐丝将3～6片叶牵结成包，隐匿其中为害。一龄幼虫多取食叶背，留下一层薄膜状叶表皮，不久该表皮破损穿孔。二龄末期后多在叶缘取食，被害叶多成穿孔或缺刻。该虫在柑橘上能够蛀果为害，在枇杷上是否蛀果为害尚未见报道。

褐带长卷叶蛾为害枇杷嫩叶

形态特征

成虫：体暗褐色，体长6～10毫米，翅展16～30毫米，头小，头顶有浓褐色鳞片，下唇须上翘至复眼前缘。前翅暗褐色，近长方形，基部有黑褐色斑纹，顶角也为深褐色，从前缘中央前方斜向后缘中央后方，有1条深褐色带，后翅为淡黄色。静止时，两翅合拢如钟形。雌虫翅较长，超出腹部甚多；雄虫翅较短，仅遮盖腹部，前翅具短而宽的前缘褶。

卵：淡黄色，卵圆形，大小0.8毫米×0.6毫米。卵块椭圆形，由数十粒至上百粒卵粒组成，呈鱼鳞状排列，卵块外覆盖薄胶质膜，卵清楚可见。

幼虫：共6龄，各龄幼虫体长大小不一。五龄幼虫体长12～18毫米。低龄幼虫头部呈黑色，前、中足黑色，后足浅褐色，体黄绿色。老熟幼虫体长20～23毫米，头部呈黄褐色，与前胸连接处有1条宽白带，气门近圆形，前胸气门略大于第二至七节腹节气门，但比第八节腹节气门小。

蛹：雌蛹长12 ~ 13毫米，雄蛹长8 ~ 9毫米，黄褐色，蛹背中胸后缘中央向后突出，腹部第二至八节背面近前缘有1排较粗大的钩状刺突，近后缘也有1排较小的钩状刺突。前足股节与缘等粗，中足稍短于翅。末节腹节狭小，尾部末端具有臀棘8根。

幼　虫

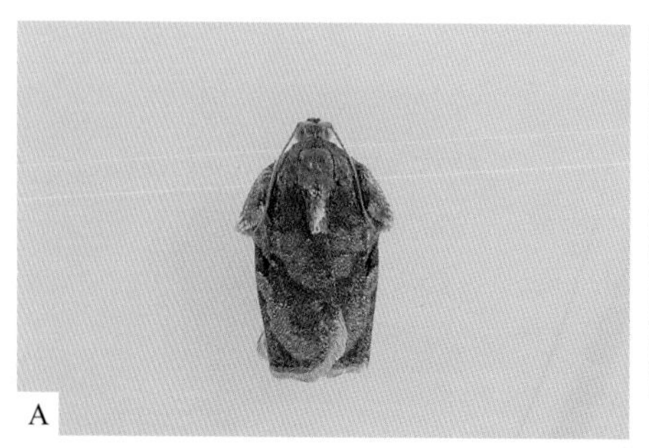

雄成虫

A.雄成虫背面　B.雄成虫腹面

蛹

A.蛹背面　B.蛹腹面

发生特点

发生代数	贵州地区1年发生4代，福建、广东1年发生6代
越冬方式	以老熟幼虫在卷叶中越冬

（续）

发生规律	第一代幼虫为害高峰期在5月中旬至6月上旬，第二代在7月下旬至8月上旬，第三代在8月下旬至9月中旬，第四代在9月下旬至10月中旬
生活习性	成虫多在清晨至上午羽化，白天静伏，傍晚交尾产卵，卵多产于叶面主脉附近，每头雌蛾产卵1～3块，每个卵块含40～200粒卵。幼虫孵化后，活动性较强，若遇惊扰，即迅速向后移动，吐丝下坠，不久后又沿丝向上卷动，并随风飘移，分散为害。若遇敌害，幼虫则吐暗褐色液体。幼虫老熟后在被害叶苞中化蛹，或将邻近两片老叶重叠，在其间结薄茧化蛹

防治适期 卵孵化高峰期至低龄幼虫期。

防治措施

（1）**农业防治** 冬季清除果园杂草、枯枝落叶，剪除带有越冬幼虫和蛹的枝叶，生长季节巡视果园时随时摘除卵块和蛹，捕捉幼虫和成虫。

（2）**物理防治** 成虫盛发期在果园中安装黑光灯或频振式杀虫灯诱杀，也可用糖醋液诱杀（糖∶酒∶醋∶水＝2∶1∶1∶4）。

（3）**生物防治** 低龄幼虫虫口密度大时，可选用1.8%阿维菌素乳油（40～80毫升/亩）等生物农药进行防治。

（4）**化学防治** 防治适期可选20%氟苯虫酰胺水分散粒剂3 000倍液、10%阿维·氟酰胺悬浮剂1 500倍液或1%甲氨基阿维菌素苯甲酸盐乳油1 000倍液等化学药剂进行防治，用药时最好加上昆虫诱食剂效果更佳。

枯叶夜蛾

枯叶夜蛾又名通草木夜蛾，分布于辽宁、河北、山东、河南、山西、陕西、湖北、贵州、江苏、浙江、台湾等地，成虫除枇杷外，还可为害苹果、柑橘、梨、桃、葡萄、杏、李、无花果等果树。幼虫主要为害通草、伏牛花等。

分类地位 *Adris thrannus*（Guenee），属鳞翅目夜蛾科。

为害特点 主要以成虫吸食果实汁液为害，以锐利的虹吸式口器刺穿果皮，果肉失水呈海绵状，以手指按压有松软感觉，受害果果面有针头大小的孔，被害部变色凹陷，逐渐腐烂脱落。

形态特征

成虫：体长35 ~ 38毫米，翅展96 ~ 106毫米，停息时似枯叶状。头部和胸部为棕色，腹部杏黄色，触角丝状。前翅枯叶色（深棕微绿），顶角尖，外缘弧形内斜，后缘中部内凹，从顶角至后缘凹陷处有1条黑褐色斜线，内线黑褐色，翅脉上有许多黑褐色小点，翅基部和中央有暗绿色圆纹。后翅杏黄色，中部有1个肾形黑斑。

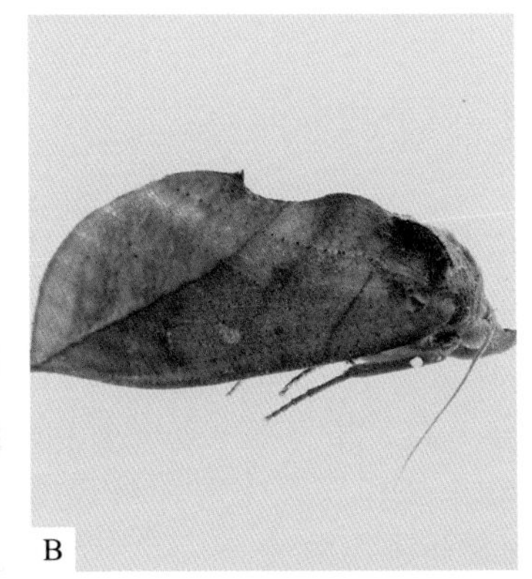

A　B　C

成　虫

A.成虫静止俯视状　B.成虫侧面　C.成虫背面

卵：呈扁球形，长1.0 ~ 1.2毫米，宽约0.9毫米，顶部与底部均较平，乳白色。

幼虫：体长57 ~ 71毫米，前端较尖。头红褐色无花纹，体黄褐或灰褐色，背线、亚背线、气门线、亚腹线及腹线均暗褐色。第一、二腹节常弯曲，第八腹节有隆起，将第七至十腹节连成峰状。第二、三腹节亚背面各有1个眼形斑、中间黑色并具有月牙形白纹，其外围黄白色绕有黑色圈、各体节布有许多不规则的白纹，第六腹节亚背线与亚腹线间有1块不规则的方形白斑，上有许多黄褐色圆圈和斑点。胸足外侧黑褐色，基部较淡，内侧有白斑。腹足黄褐色，趾钩单序中带，第一对腹足很小，第二至四对腹足及臀足趾钩均在40个以上。气门长卵形，黑色，第八腹节气门比第七节稍大。

蛹：长31 ~ 32毫米，红褐至黑褐色。头顶中央略呈尖突状，头胸部背腹面有许多较粗而规则的皱褶。腹部背面较光滑，刻点浅而稀。

发生特点

发生代数	1年发生2～3代
越冬方式	多以成虫越冬，暖地也有以卵和幼虫越冬情况
发生规律	发生期不整齐，从5～10月均可见成虫，6～7月幼虫发生较多，以7～8月为成虫发生高峰期，为害枇杷主要为越冬代成虫
生活习性	成虫喜为害香甜味浓的果实，7月前为害枇杷、杏等早熟果品，后为害桃、葡萄、苹果、李、梨等。成虫寿命较长，产卵于幼虫寄主茎和叶背。幼虫吐丝缀叶潜于其中为害，老熟后缀叶结薄茧化蛹。秋末多以成虫越冬，白天栖息在灌木、草丛中，夜晚飞出觅食，有趋光性

防治适期 幼虫孵化盛期。

防治措施

（1）**物理防治** ①果实套袋能够有效预防枯叶夜蛾成虫为害。②利用成虫趋光性，采用黑光灯或多功能害虫诱捕器诱杀成虫。③配制糖醋液诱杀成虫，将红糖、食用醋、水按80克：100毫升：300毫升的比例配制糖醋液，内加杀虫剂诱杀，或用烂果汁加少许酒、醋进行诱杀。

（2）**生物防治** 在产卵期可以释放赤眼蜂进行生物防控。

（3）**化学防治** 在防治适期及时喷施药剂，可选用90%晶体敌百虫800～1 000倍液或4.5%高效氯氰菊酯乳油1 500倍液等，防治效果可达到95%以上。

细皮夜蛾

细皮夜蛾分布在广东、福建等地，寄主除枇杷外，还能为害芒果、菠萝蜜等。

分类地位 *Selepa celtis* Moore，鳞翅目夜蛾科。

为害特点 幼虫为害叶片，取食叶肉，叶片被害后成孔洞、缺刻。

形态特征

成虫（上：雄成虫　下：雌成虫）

成虫：灰褐色，体长6 ~ 10毫米，翅展18 ~ 24毫米，雄蛾较雌蛾小。触角丝状。下唇须灰黄色，前伸。前翅灰带棕色，内外横线和亚端线棕褐色，在翅中部形成1个螺形圈，圈中央有“一”字形的鳞毛突起，臀区也有3个灰褐色的鳞毛突起。后翅灰白色。前足腿、胫节多毛，停息时前伸。中后足仅有平滑紧贴的鳞片。腹部灰白色。

卵：黄色，馒头形，直径约0.5毫米，卵顶有1个凹圈，四周有16条辐射状的棱。卵呈块状排列，卵粒的间距约1毫米。

幼虫：共5龄。一至二龄幼虫，头黑色，体黄色。三至五龄幼虫特征基本相同。从三龄起，雄性幼虫在第五腹节背可透视有1对橘黄色的睾丸。末龄幼虫体长18 ~ 23毫米，头黑色，体黄色，腹部第二、七、九节背各有1个黑斑。腹气门后上方有1 ~ 2个小黑斑，中后胸的亚背线处也各有1个小黑斑。体上仅有原生刚毛，毛片白色，体前后及侧面的毛较长，体毛大部分为白色。末龄幼虫中有部分幼虫的第一至第八腹节气门上线与气门线之间呈灰黄色。

幼　虫

蛹：藏于茧中，纺锤形，栗褐色，长8 ~ 10毫米。翅伸达第四腹节，触角长于中足，后足稍长于翅。中胸背板舌状。

茧：长椭圆形，底面平，长12 ~ 14毫米，宽5 ~ 6毫米。结茧的材料有碎叶、树皮屑、土粒、虫粪等。

发生特点

发生代数	1年发生7代，世代重叠
越冬方式	以蛹越冬
发生规律	据卢川川（1985年）报道，翌年2月羽化出土，第一代幼虫出现在3月，第二代幼虫出现在4月中旬至5月上旬，第三代幼虫出现在6月上中旬，第四年幼虫出现在7月中下旬，第五代幼虫出现在8月下旬至9月上旬，第六代幼虫出现在10月上中旬，越冬代幼虫出现在11月中旬至12月上旬
生活习性	成虫夜间羽化，次日晚间即进行交尾，第三晚产卵，每头雌虫产卵1块，有卵30 ~ 100粒，卵产于叶面上。幼虫具强群集性，一至四龄幼虫仅取食叶背表层叶肉，五龄幼虫则将叶片吃成孔洞、缺刻，或将叶片全部吃光。越冬代幼虫老熟后下地结茧化蛹，茧结于土表或树干基部

防治适期 低龄幼虫期。

防治措施

（1）**农业防治** 利用该虫低龄幼虫期具有群集性，可进行人工捕杀。

（2）**生物防治** ①低龄幼虫期时可选用100亿/毫升短稳杆菌悬浮剂600 ~ 800倍液、100亿PIB/克斜纹夜蛾核型多角体病毒悬浮剂60 ~ 80毫升/亩等生物药剂进行防治。②保护寄生蜂等天敌。

（3）**化学防治** 在低龄幼虫期喷洒25%灭幼脲悬浮剂4 000倍液、20%虫酰肼悬浮13.5 ~ 20克/亩、4.5%高效氯氰菊酯乳油600倍液、1%甲氨基阿维菌素苯甲酸盐乳油1 000倍液或2.5%溴氰菊酯乳油1 000倍液等低毒、低残留化学农药。

皮暗斑螟

皮暗斑螟为蛀干性害虫，分布在广东、河北、陕西、山东、江苏、浙江、湖北、湖南、四川、云南、西藏等地，最先报道该虫为害沿海防护林木麻黄等主要树种，此外，还可为害相思树、母生、杉木、柑橘、梨、金丝枣等林果植物。2002年许伟东最先报道皮暗斑螟为害枇杷，作者于2020年在贵州省开阳县发现该虫为害。

分类地位 *Euzophera batangesis* Caradja，鳞翅目螟蛾科。

为害特点 主要以幼虫蛀食枝干为害。成虫先在寄生部位产卵，幼虫孵化后直接在卵壳周围咬食皮层，并在皮层下排出细小、黄褐色、沙粒状粪便，使受害皮层卷起上翘，幼虫绕食伤口一圈后，再向内自上而下蛀食，切断韧皮部运输，削弱树势，使枝干枯死或全株死亡。

幼虫蛀食枝干为害

形态特征

成虫：体长5 ～ 8毫米，翅展12 ～ 15毫米，灰褐色。触角丝状，长5 ～ 6毫米。雄蛾触角基节常有坚硬向外弯曲的毛丛，形状变化很大，而雌蛾触角基节较光滑，前翅横线灰白色，内横线中部向外弯曲成角，后段宽阔；外横线细锯齿状，由翅前缘向内倾斜至后缘；中室端有相邻的两个黑斑，翅外缘常有5 ～ 6个小黑斑。后翅及前后翅缘毛淡褐色。

卵：扁椭圆形，0.6毫米×0.4毫米，淡黄色，散产或几粒堆产。

幼虫：共5龄，初龄体白，头黑色，长大后体转为暗红至淡褐，头部红褐色。

蛹：长约9毫米，长圆筒形，浅黄至棕黄，腹末有8 ～ 10根钩状臀棘。

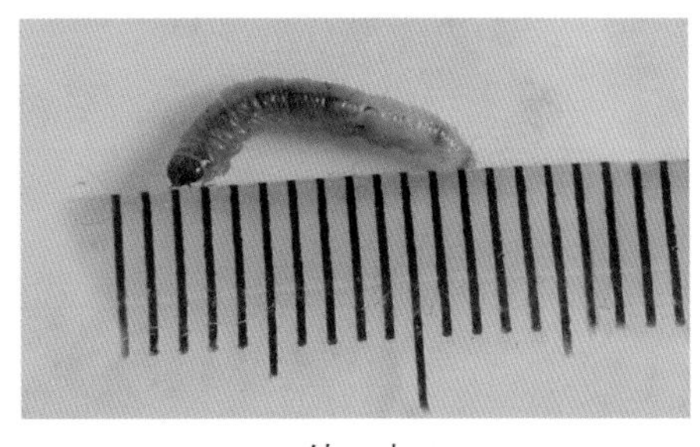

幼　虫

发生特点

发生代数	黄金水（1995）报道，该虫在福建木麻黄上1年发生5代，在枇杷上年发生代数尚未有系统研究
越冬方式	以幼虫在树干被害处的虫道内越冬，少数以蛹越冬
发生规律	翌年4月中、下旬幼虫老熟后，在为害部位结白色丝状茧化蛹，隐藏于翘皮与虫粪内。4月下旬至5月上旬开始羽化，羽化期持续至9月中旬，世代重叠现象较为严重
生活习性	成虫喜散产卵于二年生以上枝条靠近枝杈处，虫口密度较大时，也有产卵于大枝上，同一产卵点少有2条以上的虫出现，但同一枝条有多处产卵的现象

防治适期 低龄幼虫期。

防治措施

（1）**农业防治** 发现树干被害时及时刮除翘起皮层，杀死其中的幼虫和蛹。

（2）**生物防治** 可选用100亿/毫升短稳杆菌悬浮剂、100亿PIB/克斜纹夜蛾核型多角体病毒悬浮剂等生物药剂喷洒受害处。另据高日霞（2011）报道，可选用斯氏线虫属芫菁夜蛾线虫（*Steinernema feltiae*）的Beijing或Agriotos品系配成每毫升200条线虫剂量，喷洒受害处，可有效防治该虫。

（3）**化学防治** ①早春枝干刮除翘皮，后用1 ∶ 3 ∶ 10波尔多浆涂刷，以保护枝干。②在发生为害初期可选用渗透、内吸的10%氯氰菊酯乳油3 000倍液或2.5%溴氰菊酯乳油3 000倍液进行喷施。

蟪蛄

蟪蛄又名褐斑蝉，在我国分布广泛，北至辽宁，南至广西、广东、云南、海南，西至四川，东至舟山群岛均有分布，寄主除枇杷外，还可为害苹果、梨、山楂、桃、李、梅、柿、杏、核桃、柑橘以及桑、茶、杨、泡桐、水杉等。

分类地位 *Platyleura kaempferi* Fabricius，半翅目蝉科。

为害特点 成虫刺吸枝条汁液，产卵于枝梢内，致使枝梢枯死，若虫生活在土中，吸食根部汁液，削弱树势。

形态特征

成虫：雌雄个体差异较小，雌虫体长20 ~ 25毫米，翅展63 ~ 73毫米；雄虫体长18 ~ 25毫米，翅展60 ~ 70毫米。头部暗褐色，3个单眼为红色，呈三角形排列。前、中胸背板褐色，具黑色斑纹，前胸宽于头部。腹部褐色，腹面有白色蜡粉，每节后缘为暗绿色或暗褐色。翅脉透明，暗褐色，前翅具黑褐色云状斑纹，斑纹不透明；后翅黄褐色。雄虫腹部有发音器，雌虫无发音器，但雌虫产卵器明显。

雄成虫

卵：梭形，长约1.5毫米，初为乳白色，后渐变成黄色。

若虫：体长18 ~ 22毫米，黄褐色，有翅芽，形似成虫。腹背微绿，前足腿、胫节发达、有齿，为开掘足。

发生特点

发生代数	数年发生1代
越冬方式	以若虫在土中越冬
发生规律	若虫在土中生活，数年老熟后于5 ~ 6月中、下旬在落日后出土，爬到树干或树干基部的树枝上蜕皮，羽化为成虫，7 ~ 8月为产卵盛期

（续）

生活习性	蟪蛄趋光性较强，田间常见雌雄成虫婚飞交尾。扑灯虫大部分是进入产卵期的成虫和卵巢尚未发育的初羽化虫，卵巢正在发育的成虫以吸食寄主汁液补充营养为主，扑灯比例较小。刚蜕皮的成虫为黄白色，经数小时后变为黑绿色，不久雄虫即可鸣叫。成虫主要在白天活动。卵产于当年生枝条内，每孔产数粒，产卵孔纵向排列，每枝可着卵百余粒，枝条因伤口失水而枯死。卵当年孵化，若虫落地入土，吸食根部汁液

防治适期 成虫盛发初期。

防治措施

（1）**农业防治** ①结合冬、春修剪，剪除带卵枝条，集中烧毁。②结合冬季清园松土，消灭树干周围土壤中的若虫。

（2）**化学防治** 防治适期可喷施20%虫酰肼悬浮剂13.5 ～ 20克/亩、4.5%高效氯氰菊酯乳油600倍液或1%甲氨基阿维菌素苯甲酸盐乳油1 000倍液等药剂。

燕灰蝶

燕灰蝶主要为害枇杷，曾命名为枇杷灰蝶，因食害枇杷花蕾及龙眼花穗，又名枇杷蕾蝶、龙眼灰蝶。在福建、江西、台湾、广东、香港、广西、海南等地均有分布。寄主除枇杷和龙眼外，有报道为害鼠李科枣属的皱枣、使君子科使君子和无患子科无患子属植物。

分类地位 *Rapala varuna* (Horsfied)，属鳞翅目灰蝶科。

为害特点 以幼虫为害枇杷花穗、花蕾、幼果，影响开花、结果。

形态特征

成虫：雄虫体长约12毫米，翅展约29毫米，前后翅部分有暗蓝色光泽，翅面斜观呈紫蓝色。后翅rs室基部有明显的椭圆形斑，臀角圆形突出，有橙色斑，尾突长。翅反面灰褐色，前后翅中室端短带及其外侧的横带宽，前翅外缘部带纹不很明显。后翅中室端短带下端与中横带相接，组成Y形纹，这些横带皆镶着白色细边。雌体长约13毫米，翅展32 ～ 33毫米，前后翅的大半部皆有明显的紫蓝光泽，后翅反面中室端短带的下端间断与其外侧的中横带不相连。

卵：圆形，底面平，顶端中央微凹，卵壳表面有多角形纹。

幼虫：淡黄绿色，体长约20毫米，第一腹节、末后两腹节和背中线色较暗，瘤突淡黄褐色，其上刺毛暗褐色，体侧各节有褐色斜纹。

蛹：褐色，长约11毫米。

成　虫

发生特点

发生代数	1年发生2～3代
越冬方式	以蛹越冬
发生规律	3月上、中旬开始羽化产卵，3～4月第一代幼虫为害枇杷幼果，蛀食果核，每头幼虫一生能为害多个果实，11～12月发生第三、四代幼虫，蛀食花穗及幼果
生活习性	幼虫通常夜出转果为害，被害果通常不脱落，但果实不能生长，幼虫老熟后在树干裂缝中化蛹

防治适期 卵期至低龄幼虫期。

防治措施

（1）**农业防治**　清洁果园，结合疏花疏果摘除虫果。

（2）**化学防治**　在幼果期发现虫蛀情况后，可选用10%虫螨腈悬浮剂1 500倍液进行喷雾防治。

大蓑蛾

大蓑蛾又名大窠蓑蛾、大袋蛾、大背袋虫，寄主广泛，包括枇杷、茶、桑、苹果、梨、桃、李、杏、梅、葡萄、板栗、核桃、柿、柑橘、龙眼、泡桐、法国梧桐、刺槐、榆、白杨、柳、桂花等。

分类地位 *Cryptothelea variegate* Snellen，属鳞翅目蓑蛾科。

为害特点 主要以幼虫为害叶片，低龄幼虫为害时，叶片仅留下一层上表皮，形成不规则半透明斑。三龄后幼虫食量暴增，将叶片取食成不规则孔洞，严重时叶片全被吃光，仅剩秃枝，甚至引起寄主死亡。

形态特征

成虫：雌雄异型，雄成虫为中小型蛾子，雌成虫肥大，无翅。雄成虫体长15 ~ 20毫米，翅展35 ~ 44毫米，体褐色，有淡色纵纹，前翅有红褐色、黑色和棕色斑纹，后翅黑褐色，略带红褐色，前、后翅中室内中脉叉状分支明显。雌成虫体长20 ~ 30毫米，淡黄色或乳白色，足、触角、口器、复眼均退化，头部小，淡赤褐色，胸部背中央有1条褐色隆起，胸部和第一腹节侧面有黄毛，第七腹节后缘有黄色短毛带，第八腹节以下急骤收缩，外生殖器发达，体壁薄，在体外能看到腹内卵粒，尾部有1个肉质突起。

卵：长约1.0毫米，多呈椭圆形，体色呈淡黄色至黄色。

幼虫：共5龄。三龄后可区分雌雄，雌幼虫头部赤褐色，顶部有环状斑，前、中胸背板各有4条纵向暗褐色带，后胸背板有5条；五龄雄幼虫体长18 ~ 28毫米，黄褐色，头部暗色，前、中胸背板中央有1条纵向白带。

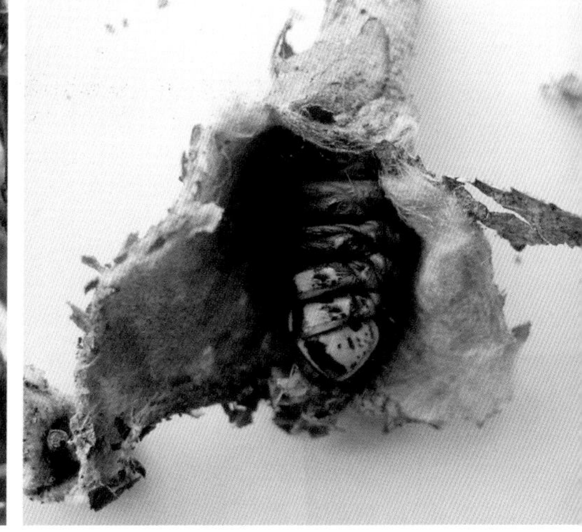

护 囊

老熟幼虫

蛹：初化蛹为乳白色，后变为暗褐色；雌蛹体长25 ～ 30毫米，赤褐色，尾端有3根小刺；雄蛹为被蛹，长椭圆形，体长18 ～ 24毫米，腹末有1对角质化突起，顶端尖，向下弯曲成钩状。

发生特点

发生代数	一般1年发生1代，广东及福建部分地区1年发生2代
越冬方式	以老熟幼虫在枝叶上的护囊内越冬
发生规律	翌年气温10℃左右，越冬幼虫开始活动和取食，4月下旬化蛹，5月上旬至6月上旬成虫羽化产卵，6月幼虫开始孵化，8 ～ 9月为害最重，11月幼虫老熟开始越冬
生活习性	雌成虫羽化时，脱下的茸毛充塞于袋囊排粪孔外，这是识别雌成虫羽化的标志。雌成虫羽化后不离开蓑囊，黄昏时将头胸伸出囊外，释放性信息素招引雄蛾交尾，雌成虫将卵产在蓑囊内，据张连合研究发现，每只雌蛾可产卵3 000 ～ 6 000粒。幼虫孵化后在蓑囊内停留2 ～ 7天，然后从蓑囊中爬出，吐丝下垂，随风飘散至寄主上 低龄幼虫取食叶片表皮，潜伏其中，并吐丝将蓑囊与叶片连缀，取食时将身体伸出蓑囊外，取食完后缩入囊中。随着虫体增长，蓑囊亦不断加大，并以大型碎叶片或短枝梗零乱地缀贴于蓑囊外。越冬前，老熟幼虫吐丝将蓑囊缠绕在枝条上，并用丝封闭囊口

防治适期 卵孵化盛期至低龄幼虫期。

防治措施

（1）**农业防治** 发现蓑囊及时摘除，集中烧毁。

（2）**物理防治** 利用成虫的趋光性，使用频振式杀虫灯或黑光灯诱杀成虫。

（3）**生物防治** ①低龄幼虫期时可选用100亿孢子/毫升短稳杆菌悬浮剂600 ～ 800倍液、100亿PIB/克斜纹夜蛾核型多角体病毒悬浮剂60 ～ 80毫升/亩等生物药剂进行防治。②保护寄生蜂等天敌。

（4）**化学防治** 在防治适期喷洒25%灭幼脲悬浮剂4 000倍液、20%虫酰肼悬浮剂13.5 ～ 20克/亩、4.5%高效氯氰菊酯乳油600倍液、1%甲氨基阿维菌素苯甲酸盐乳油1 000倍液或2.5%溴氰菊酯乳油1 000倍液等低毒、低残留化学农药。

白囊蓑蛾

在我国白囊蓑蛾主要分布于长江流域以南地区及山西、河南、河北等地，寄主除枇杷外，还有柑橘、苹果、龙眼、荔枝、芒果、核桃、椰子、梨、梅、柿、枣、栗、茶树、油茶、茶等多种植物。

分类地位 *Chalioides kondonis* Matsumura，属鳞翅目蓑蛾科。

为害特点 幼虫咬食枇杷叶片成孔洞或缺刻，影响树势。

形态特征

成虫：雌雄异型。雌成虫长10 ～ 15毫米，无翅，体呈淡黄白色。雄成虫体长8 ～ 11毫米，体烟灰色或淡褐色，末端呈黑色，密布白色长毛，翅透明。

幼虫：较细长，长15 ～ 20毫米，头褐色，中、后胸骨化部分成2 块，各块均有深色点纹，腹部毛片色深。

蛹：雌蛹为长筒状，长5 ～ 10毫米，淡褐色。雄蛹长10 ～ 15毫米，

雌成虫背面

雄蛹与护囊

浅褐色，有翅芽。护囊长30 ～ 40毫米，细长纺锤状，灰白色，护囊不附任何残叶与枝梗，完全用丝缀成，质地致密，常挂于叶背面。

卵：圆形，黄白色，长0.4 ～ 0.5毫米。

发生特点

发生代数	1年发生1代
越冬方式	以老熟幼虫越冬
发生规律	越冬代幼虫于翌年6月中旬至7月上旬化蛹，7月中、下旬出现幼虫，多在清晨、傍晚或阴天取食，低龄幼虫仅食叶肉，高龄幼虫吞食叶片，剩留叶脉。10月上、中旬停食并开始越冬。该虫以7月中旬至8月中旬发生最多，严重时单张叶片上有5 ～ 6头幼虫，食害下层叶肉呈红色，叶早脱落。属间歇性发生害虫，其发生程度在年度间和地区间差异较大，受虫源、天敌、气候等因素影响较大
生活习性	据刘文爱（2011）白囊蓑蛾相对于蜡彩蓑蛾、褐蓑蛾、小蓑蛾等蓑蛾类害虫，耐饥饿能力较强，初孵幼虫的爬行速度也相对较快，且食性杂，寄主广泛

防治适期 参照大蓑蛾。

防治措施 参照大蓑蛾。

梨小食心虫

梨小食心虫又名梨小蛀果蛾、东方果蠹蛾、梨姬食心虫、桃折梢虫、小食心虫。在我国，梨小食心虫分布遍及南、北各果区，寄主除枇杷外，还为害梨、桃、苹果、李、梅、杏、樱桃、苹果、海棠、山楂等果树，果实被害后，腐烂不堪食用，严重影响果实品质和产量。

分类地位 *Grapholitha molesta* Busck，属鳞翅目卷蛾科。

为害特点 以幼虫蛀入枇杷果实、枝梢为害，果实被害后，幼虫在果实浅处为害，蛀孔处有虫粪排出，周围易变黑，先蛀食果肉，后蛀入果核内，虫果易腐烂脱落；枝梢被害后，幼虫向下蛀至木质部即转移。桃、李

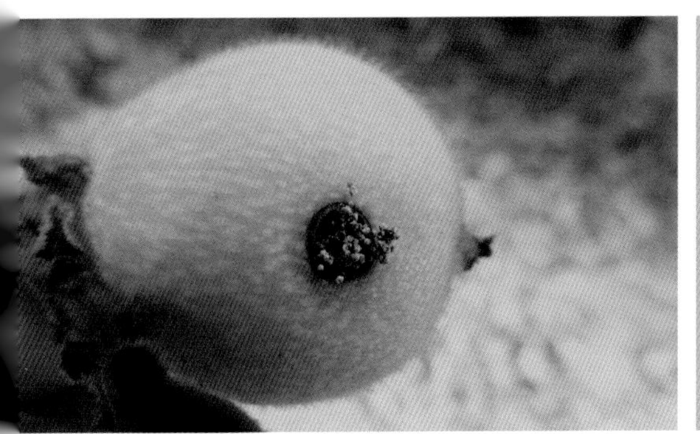

幼虫为害状

被害梢蛀孔往外流胶汁，而枇杷被害梢一般不流胶，被害嫩梢顶端嫩叶先萎蔫后枯死，刚萎蔫的梢内有虫，枯死的梢里大多无虫。

形态特征

成虫：雌雄差异极小，体长4.5～6.0毫米，翅展10～14毫米，体灰褐色，无光泽，触角丝状，前翅无光泽，灰黑色，边缘有10组白色斜纹，翅面上密布灰白色鳞片，排列不规则，外缘约有10个小黑斑，后翅浅茶褐色。静止时两翅合拢，两外缘构成的角度大，成钝角，腹部与足呈灰褐色。

卵：扁椭圆形，中央隆起，周缘扁平，初乳白色，后变淡黄色。

幼虫：体长10～13毫米，体色呈淡黄色至淡红色，头黄褐色，臀栉4～7齿，腹足趾钩单序环30～40个，臀足趾钩20～30个。前胸气门前片上有3根刚毛。

蛹：长6～7毫米，黄褐色，纺锤形，腹部第三至七节背面前后缘各有1行小刺。

茧：白色、丝质，扁平椭圆形，长约10毫米。

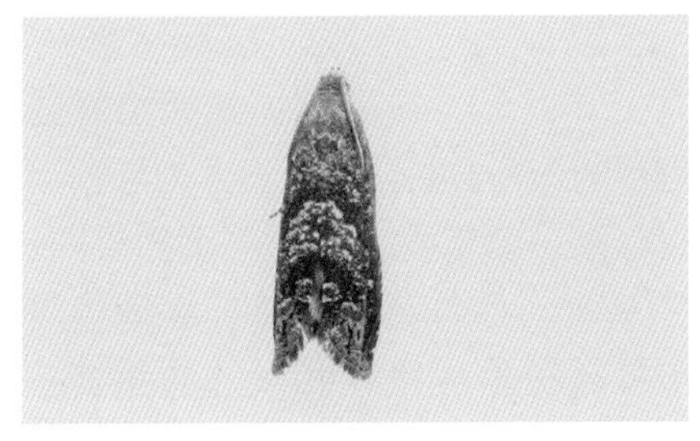

成 虫

蛹

发生特点

发生代数	不同地区发生代次不同，河北、辽宁地区1年发生3 ~ 4代，山东、河南、江苏等地1年发生4 ~ 5代
越冬方式	以老熟幼虫在树干裂缝中或翘皮下结茧越冬
发生规律	华北、山东等地区，越冬代成虫4月下旬至6月中旬发生，以后世代重叠严重，第一代成虫5月下旬至7月上旬发生。不同地区虫期不同，由北向南逐渐缩短，同区域，春秋季历期较长，夏季短，春季第一代卵期7 ~ 10天，幼虫期15 ~ 20天，蛹期10天以上；夏季第三代卵期3 ~ 4天，幼虫期10天左右，蛹期7天左右，成虫寿命一般7天左右，一个世代20 ~ 40天
生活习性	成虫傍晚活动，喜食糖醋液和烂苹果液，夜间产卵在叶、果面上，卵孵化后幼虫钻蛀到果实或嫩梢里为害，为害果实时，先在浅处为害，后深入到果心，幼虫老熟后从脱果孔爬出，到梗洼、枝干粗皮裂缝等处结茧化蛹，有转移为害的习性

防治适期 各代卵孵化盛期。

防治措施

（1）**农业防治** ①改善种植结构。梨小食心虫具有转移寄主为害的习性，因此合理的种植结构能够降低梨小食心虫的田间种群基数，建园时尽量避免樱桃、梨、桃、李等多树种混栽或近距离栽植。②加强田间管理。梨小食心虫幼虫发生为害期及时剪除被害新梢、摘拾虫果，并于采收后彻底清园，可最大限度地控制梨小食心虫的虫口数量，幼虫脱果越冬前，在树干上绑诱虫带或束草进行诱集，并于翌年春天出蛰前取下烧毁，或者在距离树干中心1 ~ 1.5米范围内堆积20厘米厚的土堆，诱集老熟幼虫越冬，并在冬季低温时散开，均可压低越冬虫口基数，在果树休眠期刮除老皮、翘皮烧毁。

（2）**物理防治** ①灯光诱杀。从4月上旬开始，设置频振式杀虫灯或黑光灯诱杀成虫。②糖醋液诱杀。配制糖醋液诱杀成虫，推荐配方为红糖：醋：白酒：水＝1：4：1：16，加少量敌百虫。③套袋。受害严重的果园，进行果实套袋，能够有效防治梨小食心虫为害。④性诱剂诱杀。在周边没有果园的孤立果园中，每亩设置2 ~ 3个，诱杀雄成虫，40天左右更换一次诱芯，可有效控制该虫为害。

（3）**生物防治** 保护利用天敌，梨小食心虫的天敌有松毛虫赤眼蜂、广赤眼蜂和玉米螟赤眼蜂等。

（4）**化学防治** 防治适期及时喷药，可选择的药剂有1%甲氨基阿维菌素苯甲酸盐乳油1 000倍液、4.5%高效氯氰菊酯乳油1 500 ～ 2 000倍液或1.8%阿维菌素乳油2 000 ～ 3 000倍液等药剂进行防治。

温馨提示

防治须建立在监测的基础上，通过梨小食心虫性诱剂监测，越冬代成虫发生盛期后5 ～ 6天，即为产卵盛期，产卵盛期后4 ～ 5天即为卵孵化高峰期，一至三代成虫盛期后4 ～ 5天为产卵盛期，产卵盛期后3 ～ 4天即为卵孵化高峰期。

易混淆害虫 梨小食心虫与苹小食心虫易混淆，区别在于：苹小食心虫前翅有紫色光泽，梨小食心虫没有；苹小食心虫前翅外缘倾斜较大，两翅合拢时，翅外缘构成角度较小，一般为锐角，而梨小食心虫外缘不倾斜，两翅合拢时外缘构成的角度较大，一般为钝角。

咖啡木蠹蛾

咖啡木蠹蛾又称豹纹木蠹蛾、六星黑点豹蠹蛾、咖啡豹蠹蛾，为蛀干害虫。

分类地位 *Zeuzera coffeae* Neitner，属鳞翅目木蠹蛾科。

为害特点 以幼虫蛀食枝条为害，幼虫在木质部与韧皮部之间绕枝条蛀一环道，由于输导组织被破坏，枝条很快枯死。每遇大风，被蛀枝条常在蛀环处折断。

幼虫为害状

形态特征

成虫：雌蛾体长16 ～ 23毫米，翅展37 ～ 54毫米，触角丝状。雄蛾体长11 ～ 18

毫米，翅展12 ~ 15毫米，触角基半部双栉状，端半部丝状。翅灰白色，前翅密布大小不等的蓝色短斜斑点，后翅上的斑点较淡，中部有1个较大的蓝黑斑，前后翅外缘各有8个色深而明显的斑点。腹部赤褐色，披白色细毛，背面各节两侧也各有1个圆斑。

幼虫：初产时白色，取食几天后渐变为红色。老龄幼虫为36 ~ 50毫米，头部黄褐色，体背侧面红褐色，有光泽，腹面色淡。体上着生白色细毛。前胸盾板黄褐色，前半部有1条黑褐色、中间向头部方向凸而两端向腹部方向弯下的叶状纹伸向两侧。后缘有黑色齿状突起4列。腹足趾钩双序环，臀足为单序横带，臀板黑褐色。

幼　虫

卵：椭圆形，长1.2 ~ 1.4毫米，宽0.7 ~ 0.8毫米，淡黄色，初产时乳白色，渐变淡黄色。卵块紧密粘结于虫道内。

蛹：长筒状，赤褐色。雌蛹长14 ~ 27毫米，雄蛹长14 ~ 20毫米。蛹体稍显弯曲，第二至七腹节背面各具两条横形刺列，第八腹节仅具1条。腹部末端下侧方有刺列，由8枚刺突组成。羽化前，蛹色变深，翅及胸部黑翅明显可见。

发生特点

发生代数	1年发生1代
越冬方式	以不同龄期的幼虫在所蛀枝干内越冬
发生规律	翌年2月下旬，越冬幼虫开始在枝干内活动取食，将粪便排出洞外。3月开始陆续化蛹，4月上旬与5月中旬为化蛹盛期。成虫于4月中旬开始羽化，5月中旬至7月中旬为羽化盛期。成虫产卵始于4月下旬，5月下旬至6月上旬为产卵盛期。据报道，完成一个世代平均需358.6天，各虫态发育历期以幼虫期最长，平均为204天
生活习性	初孵幼虫有群集取食卵壳的习性，3 ~ 5天后渐渐分散。成虫白天群伏，夜间活动，趋光性极弱，雄蛾飞行力较强

防治适期 越冬代成虫羽化高峰期及初孵幼虫群集取食期。

防治措施

（1）**农业防治** 及时剪除受害枝，集中烧毁或深埋。如在树干基部发现有虫粪，即用铁丝钩杀蛀入木质部的幼虫。

（2）**物理防治** 在成虫发生期，利用成虫的趋光性，使用频振式杀虫灯或黑光灯诱杀成虫。

（3）**化学防治** 在树干基部发现有虫粪后，用棉球蘸80%敌敌畏乳油50 ~ 100倍液塞入虫孔，并用胶带或湿泥封堵，毒杀幼虫。

黄刺蛾

黄刺蛾

黄刺蛾幼虫俗称洋辣子、八角等。寄主多而复杂，主要有苹果、梨、桃、梅、杏、李、柿、栗、枣、枇杷、石榴、柑橘、樱桃、核桃、山楂、芒果、杨梅、枫杨、榆、杨、梧桐、油桐、乌桕、楝、白蔹、茶、桑等多种植物。我国黑龙江、吉林、辽宁、内蒙古、河北、山东、山西、陕西、四川、云南、广东、广西、贵州、湖南、湖北、江西、安徽、江苏、浙江、台湾等省、自治区均有分布。

分类地位 *Cnidocampa flavescens* Walker，属鳞翅目刺蛾科。

为害特点 主要以低龄幼虫群集在叶背取食为害，造成叶片呈箩底半透明状或造成缺刻和孔洞，五、六龄幼虫能将叶片吃光仅留叶柄、主脉，严重影响树势和果实产量。

形态特征

成虫：雌成虫体长15 ~ 17毫米，翅展35 ~ 39毫米；雄成虫体长13 ~ 15毫米，翅展30 ~ 32毫米。体橙黄色。前翅黄褐色，自顶角有1条细斜线伸向中室，斜线内方为黄色，外方为褐色，褐色部分有1条深褐色细线自顶角伸至后缘中部，中室部分有1个黄褐色圆点。后翅灰黄色。

成　虫

卵：扁椭圆形，一端略尖，长1.4 ~ 1.5毫米，宽0.9毫米，淡黄色，卵膜上有龟状刻纹。

幼虫：共8龄。老熟幼虫体长19 ~ 25毫米，体粗大。头部黄褐色，隐藏于前胸下，胸部黄绿色。体自第二节起，各节背线两侧有1对枝刺，以第三、四、十节的为大，枝刺上长有黑色刺毛；体背有紫褐色大斑纹，前后宽大，末节背面有4个褐色小斑，体两侧各有9个枝刺，中部有2条蓝色纵纹。气门上线淡青色，气门下线淡黄色。

茧：椭圆形，质坚硬，黑褐色，有灰白色不规则纵条纹，似雀卵。

低龄幼虫

茧

老龄幼虫

发生特点

发生代数	不同地区发生代数不同，东北、华北地区1年发生1代，山东1年发生1～2代，河南、四川、江苏等地1年发生2代
越冬方式	常以老熟幼虫在树枝分叉处、叶柄以及叶片上吐丝结茧越冬
发生规律	1年发生2代的地区，越冬幼虫在5月上旬化蛹，5月下旬至6月上旬羽化成虫，第一代幼虫发生期在6月下旬至7月中旬，7月下旬始见第一代成虫；第二代幼虫在8月上中旬达到为害盛期，8月中旬开始老熟，结茧越冬。1年发生1代的地区，越冬幼虫于6月上中旬开始化蛹，第一代幼虫期在7月中旬至8月下旬，8月底开始老熟，结茧越冬
生活习性	成虫昼伏夜出，具趋光性，羽化后交尾产卵，卵多成块产于叶片背面；初孵幼虫具有群居性，多在叶背啃食叶肉，三龄开始分散取食，随着虫龄的上长，食量也相应上升，大发生时能将叶片啃食完；老熟幼虫喜在枝杈和小枝上结茧，一般先啃咬树皮，然后吐丝并排泄草酸钙等物质，形成坚硬蛋壳状茧

防治适期 卵孵化盛期至低龄幼虫期。

防治措施

（1）**农业防治** ①及时摘除栖有大量幼虫的虫枝、叶。②老熟幼虫常沿树干下行至基部或地面结茧，可采取树干绑草等方法诱集，及时予以清除。③果园作业较空闲时，可根据刺蛾越冬场所采用敲、挖、剪除等方法清除虫茧。

（2）**物理防治** 成虫盛发期使用频振式杀虫灯诱杀成虫。

（3）**生物防治** ①保护利用寄生性天敌，如刺蛾紫姬蜂、刺蛾广肩小蜂、上海青蜂、爪哇刺蛾姬蜂和健壮刺蛾寄蝇。②在低龄幼虫期可选用100亿孢子/毫升短稳杆菌悬浮剂500～600倍液、400亿孢子/克球孢白僵菌可湿性粉剂（20～30克/亩）、100亿PIB/克斜纹夜蛾核型多角体病毒悬浮剂（60～80毫升/亩）等生物农药进行防治。

（4）**药剂防治** 防治适期喷药防治，可选用25%灭幼脲悬浮剂4 000～5 000倍液、20%虫酰肼悬浮剂（13.5～20克/亩）、90%敌百虫晶体1 500倍液或2.5%溴氰菊酯乳油2 000～3 000倍液等药剂。

扁刺蛾

扁刺蛾又名黑点刺蛾，幼虫俗称洋辣子，国内分布普遍。食性杂，除枇杷外，还可为害苹果、梨、桃、李、杏、柑橘、樱桃、核桃等多种果树。

分类地位 *Thosea sinenisi* (Walker)，属鳞翅目刺蛾科。

扁刺蛾

为害特点 以幼虫取食叶片为害，低龄幼虫时仅在叶面取食叶肉，残留表皮，六龄后食量大增，取食整个叶片，发生严重时食尽全叶，严重影响树势和果实产量。

形态特征

成虫：雌成虫体长13 ~ 18毫米，翅展28 ~ 35毫米，体暗灰褐色，腹面及足色深，触角丝状，基部10多节呈栉齿状。雄成虫羽状触角，栉齿更为发达，前翅灰褐稍带紫色。中室外侧有1条明显的暗褐色斜纹，自前缘近顶角处向后缘斜伸，中室上角有1个黑点，雄成虫较明显。

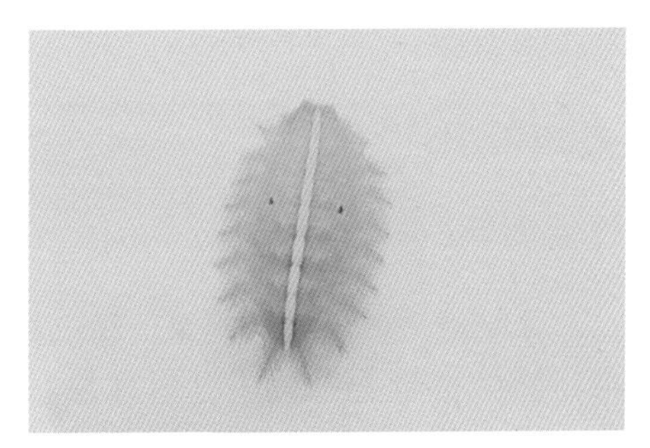
幼 虫

卵：长1.0 ~ 1.1毫米，近椭圆形，初产时为呈黄绿色，后渐变为灰褐色。

幼虫：共8龄，老熟幼虫体长21 ~ 26毫米，宽约16毫米，体扁椭圆形，背稍隆起似龟背，全体绿色或黄绿色，背线白色，边缘蓝色；体边缘每侧有10个瘤状突起，上生刺毛；各节背面有两小丛刺毛，第四节背面两侧各有1个红点。

蛹

蛹：体长10 ~ 15毫米，前端较肥大，近椭圆形，初乳白色，近羽化时变为黄褐色。

茧：椭圆形，暗褐色。

发生特点

发生代数	华北、西北地区1年发生1代，长江下游地区1年发生2 ~ 3代
越冬方式	以老熟幼虫在寄主树干周围土中结茧越冬
发生规律	越冬幼虫于翌年4月中旬化蛹，成虫5月中旬至6月初羽化。第一代发生期为5月中旬至8月底，第二代发生期为7月中旬至9月底。在枇杷园，5 ~ 6月和9 ~ 10月为幼虫盛发期
生活习性	成虫昼伏夜出，有趋光性，羽化后即进行交尾产卵，卵多散产在叶面上，每头雌蛾产卵45 ~ 50粒，卵期7天。初孵幼虫肥胖迟钝，极少取食，22天后蜕皮，蜕皮后先取食卵壳再在叶面取食叶肉，7 ~ 8天后开始分散取食，一般从叶尖开始，将叶吃成齐茬，仅剩叶柄。老熟后即下树入土结茧

防治适期 参照黄刺蛾。

防治措施 参照黄刺蛾。

绿刺蛾

绿刺蛾又名弧纹绿刺蛾，幼虫俗称洋辣子。国内分布广泛。寄主多而杂，除为害枇杷外，还可为害梨、柑橘、苹果、桃、李、杏、樱桃、海棠、梅、枣、山楂、核桃、柿、石榴等多种果树。

分类地位 *Latoia consocia* Walker.，属鳞翅目刺蛾科。

为害特点 主要以低龄幼虫群集在叶背取食为害，低龄幼虫取食表皮或叶肉，致叶片呈半透明枯黄色斑块。高龄幼虫食叶呈较平直缺刻，严重时仅剩叶脉，甚至叶脉全无。

形态特征

成虫：体长15 ~ 18毫米，翅展约36毫米，头部绿色，复眼黑色，触角褐色。雌虫触角丝状，雄虫触角基部2/3为短羽毛状。胸部黑色，中央有1条暗褐色背线。前翅大部分绿色，后翅灰褐色。

卵：椭圆形，扁平，初产时乳白色，渐变为黄绿至淡黄色。

幼虫：初孵化时黄色，后渐变绿色。头黄色，较小，常缩在前胸内。腹部背线蓝色，胴部第二节至末节每节有4个毛瘤，其上生1丛刚毛，腹部末端的4个毛瘤上着生蓝黑色刚毛丛，腹面浅绿色，胸足小，无腹足，第一至第七腹面中部各有扁圆形吸盘。老熟幼虫体长约25毫米，呈长方形，圆筒状。

蛹：长约15毫米，椭圆形，肥大，初产淡黄，后变黄褐色，包裹在椭圆形的暗褐色茧中。

茧：扁椭圆形，暗褐色，似羊粪状。

成 虫

高龄幼虫

低龄幼虫

发生特点

发生代数	长江中下游地区1年发生2代
越冬方式	以老熟幼虫在枝干基部周围的表土中结茧越冬
发生规律	越冬代幼虫于翌年4月下旬至5月上旬化蛹。成虫发生期在5月下旬至6月中旬。第一代幼虫发生期在8月下旬至10月中旬，从10月上旬开始，幼虫开始老熟，并在枝干周围的土中结茧越冬
生活习性	成虫昼伏夜出，有趋光性。卵多产于叶背近主脉处，卵块排列成鱼鳞状；初孵幼虫先吃掉卵壳，第一次蜕皮后先吃掉蜕皮，然后取食叶肉；低龄幼虫具群居性，四龄后逐渐分散取食为害，并能迁移至附近的树上为害

防治适期 参照黄刺蛾。

防治措施 参照黄刺蛾。

枇杷瘤蛾

枇杷瘤蛾又名枇杷黄毛虫，是枇杷主要害虫之一。在我国主要分布于长江流域和南方地区，食性杂，除枇杷外，还可为害梨、李、石榴、芒果、合欢和紫薇等植物。

分类地位 *Melanographia flexilineata* Hampson，属鳞翅目瘤蛾科。

为害特点 主要以幼虫取食为害，幼虫啃食枇杷嫩芽、幼叶、老叶嫩茎表皮和果实，严重时，叶片全部啃食光，仅留叶脉，导致果小、青果多、成熟迟，被害果成腐果或僵果，对产量和品质影响较大。

为害状

形态特征

成虫：体长8 ~ 10毫米，翅展21 ~ 26毫米，灰白色，有银光，前翅灰色，有3条黑色波折斑纹，翅缘上有7个黑色锯齿形斑。

卵：扁圆形，直径0.6毫米，淡黄色。

幼虫：共5 ~ 6龄。体黄色，老熟幼虫体长约22毫米，第三腹节背面具对称2个黑色毛瘤，有4对腹足。

蛹：近椭圆形，长10 ~ 12毫米，黄色至淡褐色。

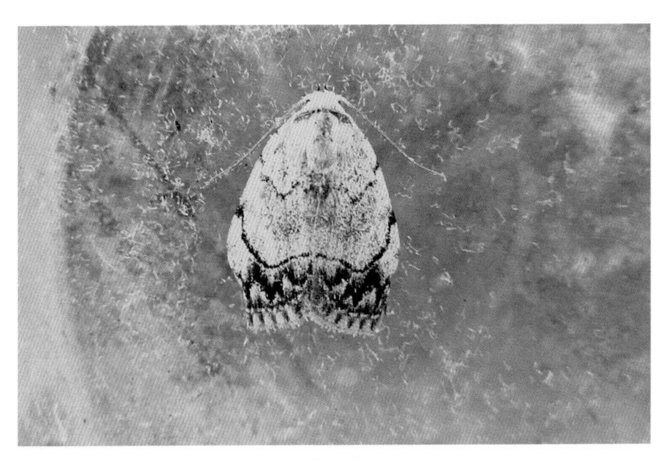

成 虫

幼 虫

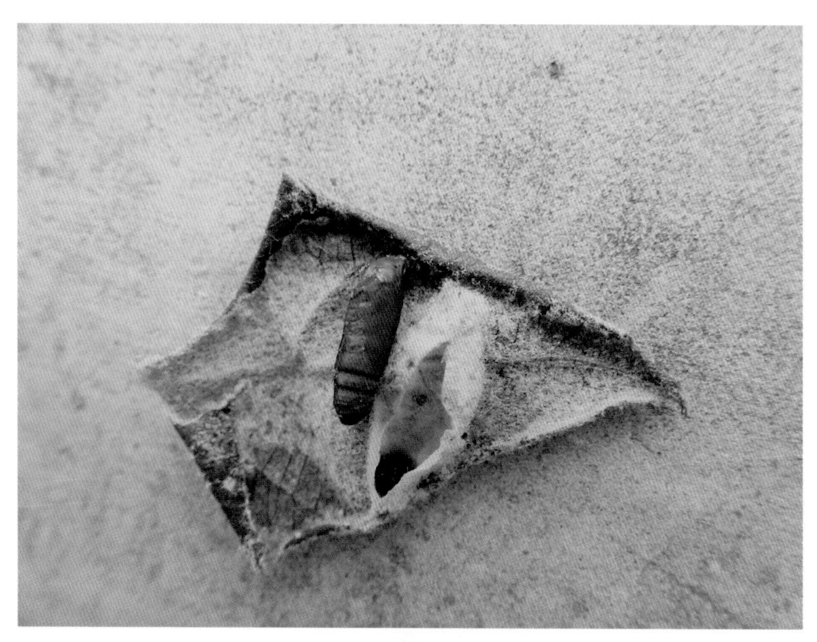

蛹

茧

发生特点

发生代数	不同区域发生代数有差异，据报道，浙江1年发生4代，福建1年发生5代
越冬方式	以蛹在树皮裂缝、分枝处或附近的灌木上越冬
发生规律	福建地区第一代幼虫5月上旬开始发生，虫口数量较多；第五代为害至10月下旬，以蛹在茧内越冬，翌年4月开始羽化为成虫。浙江地区1年发生4代，第一代幼虫发生于5月上中旬，第二代幼虫发在6月下旬左右，第三代幼虫发生7月下旬至8月上旬，第四代幼虫发生在9月上中旬，9月中旬后，幼虫逐渐开始越冬
生活习性	成虫多在傍晚羽化、交尾，活动性较弱。卵散产于嫩叶背面。一龄幼虫取食新梢嫩叶，被害叶呈褐色斑点；二龄后幼虫摄食时先将叶背绒毛推开，取食叶肉，被害叶仅余表皮、叶脉和堆积的茸毛；五龄后幼虫食量大增，造成叶缺刻。27 ~ 32℃条件下，幼虫期15 ~ 31天。老熟幼虫多在叶背主脉附近或枝干近地面的阴蔽处，潜藏于由叶片茸毛、枝条、皮屑和丝缀合而成的茧内化蛹

防治适期 卵孵化盛期至低龄幼虫期。

防治措施

（1）**农业防治** 结合冬季清园工作，摘除虫茧，降低虫口基数。

（2）**物理防治** 使用频振式杀虫灯诱杀成虫。

（3）**生物防治** ①保护和利用舞毒蛾黑瘤姬蜂等寄生性天敌。②可选用100亿孢子/毫升短稳杆菌悬浮剂600 ~ 800倍液、16 000国际单位/毫克苏云金杆菌可湿性粉剂600倍液等生物农药。

（4）**化学防治** 防治适期可选用10%阿维·氟酰胺悬浮剂1 500倍液、1%甲氨基阿维菌素苯甲酸盐乳油1 000倍液等药剂进行防治。

双线盗毒蛾

双线盗毒蛾是果树上重要的害虫之一，在广东、广西、四川、云南、河南、台湾、福建、贵州等地都有报道发生。食性杂，不仅为害枇杷，还可为害刺槐、枫、茶、柑橘、梨、黄檀、龙眼、白兰树、蓖麻、白桐、玉米、棉花、花生、菜豆等。

分类地位 *Porthesia scintillans*（Walker），属鳞翅目毒蛾科。

为害特点 以幼虫为害枇杷叶、花穗、果实，主要以啃食叶片为主，严重时，叶片全部啃食光，导致植株长势衰弱，甚至死亡。

形态特征

成虫：雄成虫体长8.0 ~ 11.0毫米，翅展20.0 ~ 27.0毫米；雌成虫体长9.0 ~ 12.3毫米，翅展25.0 ~ 37.3毫米。触角黄白至浅黄色，栉齿黄褐色，下唇须橙黄色，复眼黑色，较大多头部和颈板橙黄色，胸部浅黄棕色，肛毛簇橙黄色。雌性腹部呈长筒状，雄性腹末尖。足浅黄色，足上生有许多黄色长毛。前翅赤褐色，微带浅紫色，前缘、外缘和缘毛柠檬黄色，外缘和缘毛被黄褐色部分分隔成3段，后翅淡黄色。

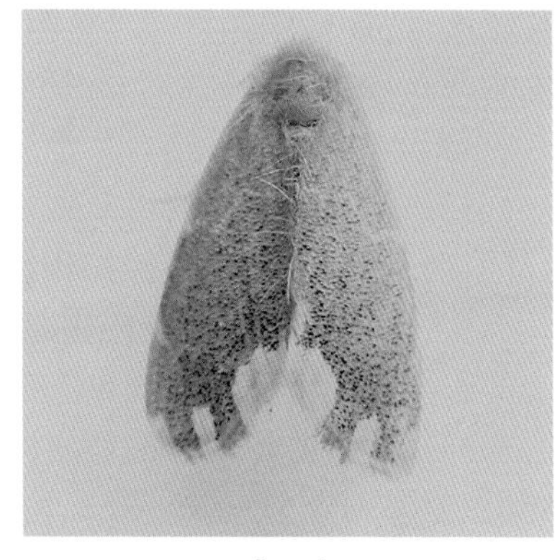

成　虫

卵：扁圆形，中央凹陷，初产卵黄色，后渐变为红褐色，表面光滑，有光泽，排列成块。

幼虫：老熟幼虫体长13.0 ~ 23.5毫米，头部浅褐色，胸腹部暗棕色；前胸背面有3条黄色纵纹，侧瘤橘红色，向前凸出；中胸背面有2条黄色纵纹和3条黄色横纹，后胸亚瘤橘红色，中胸及第三至七和第九腹节背线黄色，其中央贯穿红色细线，后胸红色。

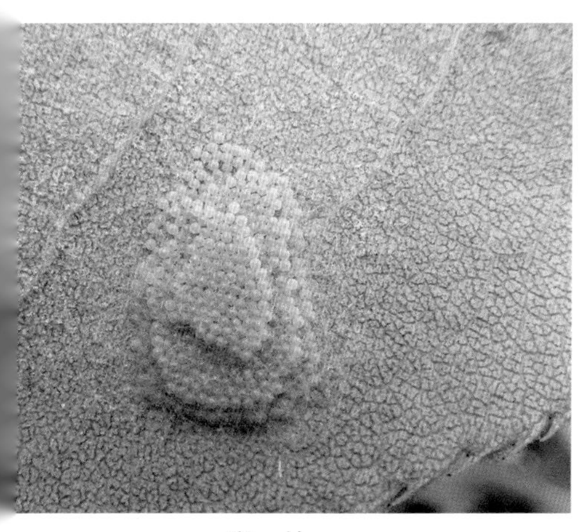

卵 块

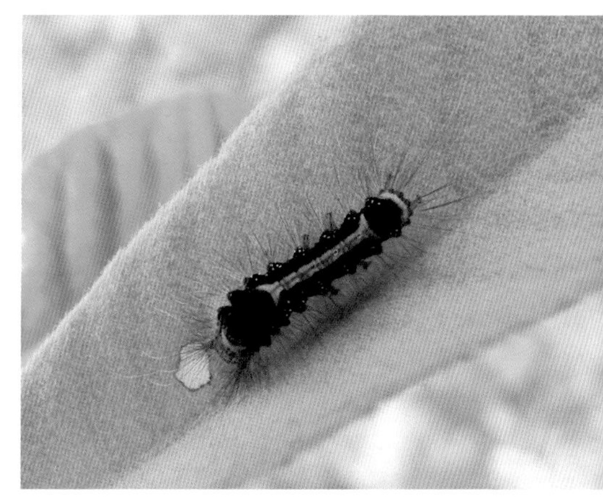

幼 虫

蛹：椭圆形，黑褐色。雄蛹长9.0 ~ 11.0毫米，雌蛹长11.0 ~ 13.8毫米，前胸背面毛较多，不成簇，中胸背面有椭圆形隆起，中央有1条纵脊，纵脊两侧着生2簇长刚毛，后胸及腹部各节背面刚毛长而密，不规则。

茧：雄茧长11.8 ~ 18.2毫米，雌茧长16.0 ~ 23.6毫米。长椭圆形，浅棕褐色，丝质，上疏散有许多毒毛。

蛹

茧

发生特点

发生代数	1年发生7代，世代重叠明显
越冬方式	以三龄以上幼虫在叶片上越冬，个别地区没有明显越冬现象
发生规律	冬季中午气温回升时，可活动取食，越冬幼虫3月下旬开始结茧化蛹。第一代幼虫发生盛期在5月上旬，第二代在6月上旬，第三代在7月中旬，第四代在8月中旬，第五代在9月下旬，第六代在11月上旬，越冬代在1月上旬
生活习性	初孵幼虫先取食卵壳，数十分钟后再转食嫩叶，同卵块初孵幼虫群集取食叶背叶肉，残留上表皮。若产卵叶片较干硬，或卵并未产在叶片上，则幼虫食尽卵壳后会分散缓慢爬行，一段距离后静伏休息，然后继续爬行，直至有可取食嫩叶或死亡。二龄幼虫善于爬行，常爬行至叶缘或叶片最嫩处开始取食，常把叶缘吃成小缺刻。三至四龄幼虫开始分散取食，转移扩散至全株，通常不取食整张叶片。五龄幼虫开始整日均可取食，阴天活动频繁。成虫羽化后当晚即可交配，交配多在夜间

防治适期 卵孵化盛期至低龄幼虫期。

防治措施

（1）**农业防治** 结合冬季清园工作，摘除越冬幼虫。

（2）**物理防治** 使用频振式杀虫灯诱杀成虫。

（3）**生物防治** 在低龄幼虫期喷施100亿孢子/毫升短稳杆菌悬浮剂600 ~ 800倍液、400亿孢子/克球孢白僵菌可湿性粉剂（25 ~ 30克/亩）、100亿PIB/克斜纹夜蛾核型多角体病毒悬浮剂（60 ~ 80毫升/亩）等生物农药。

（4）**化学防治** 在幼虫暴发为害初期可选用25%灭幼脲悬浮剂4 000倍液、10%阿维·氟酰胺悬浮剂1 500倍液、1%甲氨基阿维菌素苯甲酸盐乳油1 000倍液等药剂进行防治。

麻皮蝽

麻皮蝽又名黄斑蝽，全国各地均有分布，食性极杂，除为害枇杷外，还可为害梨、苹果、枣等。

分类地位 *Erthesina full*（Thunberg），属半翅目蝽科。

为害特点 以成虫和若虫刺吸为害，可为害花、芽、叶、枝和果实，刺吸果实造成的损害最大。果实受害后变硬，不耐储存，品质下降。发生严重时可造成大量叶片提前脱落，受害枝干枯死及落果。

形态特征

成虫：体长20～25毫米，黑褐色，密布黑色刻点及黄色不规则小斑。头部前端至小盾片有1条黄色细中纵线。前胸背板有多个黄白色小点，腿节两侧及端部呈黑褐色，气门黑色，腹面中央具1条纵沟，前翅褐色，边缘具有许多黄白色小点。

卵：圆形，淡黄白色，横径1.8毫米。

若虫：呈椭圆形，低龄若虫胸腹部有多条红、黄、黑相间的横纹。二龄后体呈灰褐色至黑褐色。

成 虫

若 虫

发生特点

发生代数	1年发生1代
越冬方式	以成虫在枯叶下、草丛中、树皮裂缝中越冬，翌年3月下旬出蛰活动为害

（续）

发生规律	翌年3月底至4月初开始化蛹，5月上旬至6月下旬交尾产卵，第一代若虫5月下旬至7月上旬孵出，6月下旬至8月中旬羽化成虫。第二代卵期在7月上旬至9月上旬，7月下旬至9月上旬孵化为若虫，8月至10月下旬羽化为成虫
生活习性	食性较杂，成虫有一定的飞翔能力，在果园内活动，喷药时很容易逃逸、转移到其他寄主上，迁移性强，可自由扩散，能够从其他寄主植物上进入枇杷园

防治适期 卵孵化盛期至低龄若虫期。

防治措施

（1）**农业防治** ①冬季清园。清除虫枝、干翘树皮、果园及周边的杂草，集中烧毁，树干涂白，以减少麻皮蝽越冬场所，有效降低虫口数量。②人工摘除卵块。

（2）**物理防治** 提倡果实套袋，套袋是减少蝽类为害的一种有效措施，套袋的果比不套袋的果为害率明显降低。

（3）**生物防治** ①保护和利用天敌。卵寄生性天敌如沟卵蜂、平腹小蜂、黑卵蜂、啮小蜂等，对麻皮蝽卵的寄生率很高，可起到明显自然控制作用。②生物药剂防治。可选择1%苦皮藤素水乳剂300倍液，在卵孵化盛期至低龄若虫期进行防治。

（4）**化学防治** 在卵孵化盛期至低龄若虫期，喷施1%甲氨基阿维菌素苯甲酸盐乳油1 000倍液或50%氟啶虫胺腈水分散粒剂5 000倍液等化学药剂。

桃蛀螟

桃蛀螟又名豹纹斑螟。我国南北方都有分布，寄主多而杂，除为害枇杷外，还可为害桃、梨、苹果、杏、石榴、葡萄、山楂、板栗、向日葵、高粱、麻、松杉、桧柏等。

桃蛀螟

分类地位 *Dichocrocis punctiferalis* Guenee，属鳞翅目螟蛾科。

为害特点 主要以幼虫蛀食枇杷的花蕾、花蕊及部分嫩枝。受害后，花蕾不能开花，花蕊不能授粉，造成枇杷大幅减产。同时幼虫蛀食枇杷幼果，造成大量落果、虫果，严重影响枇杷的食用和商品价值。

幼虫蛀食枇杷幼果

形态特征

成虫：体长10 ~ 12毫米，翅展20 ~ 25毫米，全体黄至橙黄色，体背、前翅、后翅散生大小不一的黑色斑点，类似豹纹。腹部背面黄色（或淡黄色），第一节、第三节、第六节背面各有3个黑斑，第七节背面上有时只有1个黑斑，第二节、第八节无黑点。雄蛾腹部末端有黑色毛丛，雌蛾腹部末端圆锥形。

卵：长约0.6毫米，宽约0.4毫米，椭圆形，初产时为乳白色或米黄色，后变橘黄色，孵化前红褐色，具有细密而不规则的网状纹。

幼虫：老熟幼虫体长20 ~ 22毫米，体背颜色多变，多为淡褐、浅灰、浅灰兰、暗红等色。头、前胸盾片、臀板暗褐色或灰褐色，各体节毛片明显，灰褐至黑褐色，背面的毛片较大，第一至八腹节各有6个灰褐色斑点，呈两行排列，前4个，后2个。气门椭圆形，围气门片黑褐色突起。腹足趾钩具不规则的三序环。

成 虫

幼 虫

雄蛹：体长10 ～ 13毫米，纺锤形，初为浅黄绿色，渐变为黄褐至深褐色，头、胸和腹部第一至八节背面密布细小突起，第五至七腹节前后缘有1条刺突，腹部末端有6条臀刺。

发生特点

发生代数	在我国发生代数差异较大，华北地区1年发生2 ～ 3代，华东地区1年发生3 ～ 4代，西北地区1年发生3 ～ 5代，华中地区1年发生5代，华南地区1年发生5 ～ 6代
越冬方式	主要以老熟幼虫在树翘皮裂缝、枝杈、树洞、干僵果内、贮果场、土块下、石缝、覆盖物、板栗壳、玉米和高粱秸秆、杂草堆等处结茧化蛹越冬
发生规律	越冬代幼虫一般在3月下旬开始化蛹，4月中、下旬开始羽化，5月下旬至6月上旬进入羽化盛期。5月中旬田间可见虫卵，盛期在5月下旬至6月上旬，一直到9月下旬，均可见虫卵，世代重叠严重
生活习性	成虫白天静伏于枝叶稠密处的叶背和杂草丛中，夜晚飞出，进行羽化、交尾和产卵等活动，成虫还取食花蜜、露水以补充营养，并对黑光灯及糖醋液有趋性

防治适期 产卵盛期和幼虫孵化初期。

防治措施

（1）**农业防治** ①果实采收后至新梢萌芽前，及时摘除树上僵果，拣拾树下干、僵、病、虫果实，集中烧毁或深埋，深埋时要辅助撒施石灰或药剂，且深度不小于20厘米。②清除果园内及周边板栗壳、玉米、高粱秸秆等越冬寄主，刮除枇杷树老翘皮，降低越冬虫口基数。③在果园周围种植小面积向日葵诱集成虫产卵，集中消灭。④枇杷主干绑草把、主枝绑布条，诱集越冬老熟幼虫，早春及时清除集中烧毁。

（2）**物理防治** ①配制食物源诱剂诱杀成虫，糖：酒：醋：水的比例为1 ：1 ：4 ：16或1 ：2 ：0.5 ：16，并加入少量洗衣粉或洗洁精，诱盆挂于离地面1.5 ～ 2米的树枝上方，30个/亩。②使用黑光灯诱杀成虫。③果实套袋可有效减少桃蛀螟在果实上产卵。

（3）**生物防治** ①保护利用天敌。在桃蛀螟成虫盛期释放松毛虫赤眼蜂，每5 ～ 7天放蜂1次，每代2 ～ 3次。放蜂量为每亩每次2万～ 3万头。②使用生物药剂。产卵盛期和幼虫孵化初期，可选用400亿孢子/克球孢白僵菌可湿性粉剂（25 ～ 30克/亩）、16 000国际单位/毫克苏云金杆菌可湿性粉剂600倍液、1.8%阿维菌素乳油（40 ~ 80毫升/亩）等生物农药。

（4）**化学防治** 在防治适期，选用25%灭幼脲悬浮剂5 000倍液、20%氟苯虫酰胺水分散粒剂3 000倍液等化学药剂进行防治。

叶螨

寄主植物除枇杷外，还可为害苹果、梨、梅、桃、樱桃及苜蓿等。

分类地位 *Eotetranychus* sp.，属蛛形纲、蜱螨目、叶螨科。

为害特点 叶螨以成螨及幼、若螨为害枇杷的嫩芽、嫩叶及刺吸叶片的汁液，为害叶时多在叶背面主、侧脉两侧，叶片受害部位初呈黄色斑块，且覆盖有稀疏的丝网，叶片受害重时卷曲、凹陷畸形，易变黄焦枯、脱落。

叶片被害后卷曲

形态特征

成螨：体长0.35 ~ 0.43毫米，长椭圆形，橙黄色至红褐色，体背两侧有8个黑斑，大小不等，以腹背末端2个较大。体上有13对毛，前足体中央背面表皮纹路纵向，后体部及足上纹路为横向。

卵：球形，表面光滑，直径为0.13毫米，初产时白色透明，后为淡黄色。

幼螨：体近圆形，体长0.16 ~ 0.18毫米，3对足，淡黄白色，经1天后体上可见4 ~ 5个黑斑。

若螨：长椭圆形，长0.28 ~ 0.32毫米，4对足。前若螨为淡黄白色，体背有8个黑斑，后若螨体色较深，体背黑斑明显。

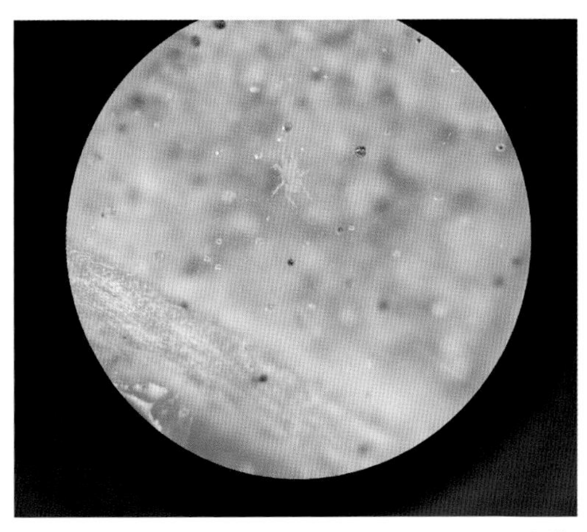

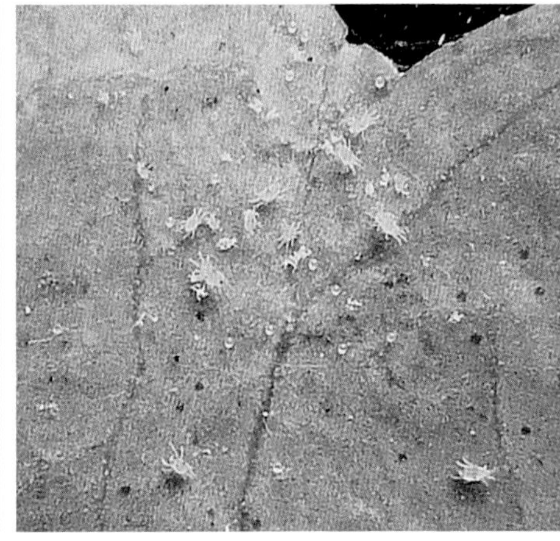

成螨及若螨

发生特点

发生代数	1年发生15代
越冬方式	以卵或成螨在枝条裂缝及叶背越冬
发生规律	3 ~ 4月枇杷春梢抽发后，即迁移至新梢上为害，以春梢、秋梢受害最为严重。在温暖、干旱的季节发生重，多雨不利于繁殖发育
生活习性	叶螨为两性生殖，也有孤雌生殖现象，但后代多为雄螨。卵多产于叶片及嫩枝，以叶片主脉两侧较多，叶片受害处常有丝网覆盖，后螨即活动和产卵于网上

防治适期 每片叶有2 ~ 3头叶螨时。

防治措施

（1）**生物防治** ①保护利用天敌，如食螨瓢虫、捕食螨等。②采用生物药剂。选用0.5%藜芦碱可溶液剂300倍液进行喷雾防治。

（2）**化学防治** 防治适期喷施24%螺螨酯悬浮剂3 000倍液、99% SK矿物油乳油150倍液。

温馨提示

对历年防治较差、虫害发生较重的园区，一定要喷好开花和采果前后两遍药。生草果园喷药时最好对果园中的杂草一同喷药，消灭防治死角。药剂防治时，药液中最好加入展着剂和渗透剂来提高药效，喷药必须仔细、周到，叶背面一定要喷到，效果好的药剂1年使用1次，并注意与其他药剂轮换使用，以延缓抗药性的产生。

小爪螨

分类地位 *Oligonychus* sp.，属蛛形纲、蜱螨亚纲、真螨目、叶螨科。

为害特点 成、若螨为害枇杷叶片，被害叶面呈灰黄色小斑点，严重时全叶灰白，叶片黄化，提早落叶，影响树势及产量。

形态特征

成螨：雌螨体长0.4～0.45毫米，椭圆形，体紫红色。爪退化成条状，各具黏毛1对。雄螨略小，腹末略尖，呈菱形。

卵：呈球形，红色。

幼螨：体圆形，鲜红至暗红色。

若螨：体卵圆形，暗红色或紫红色。

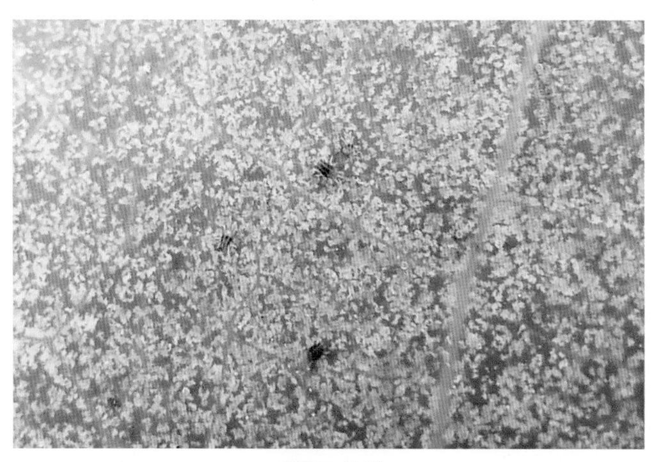

成螨及若螨

发生特点

发生代数	1年发生15代
越冬方式	以卵或成螨在枝条裂缝及叶背越冬
发生规律	3～4月枇杷春梢抽发后，即迁移至新梢上为害，以春梢、秋梢受害最为严重。多雨季节对其生长发育不利，在温暖、干旱季节发生量大，为害严重，并能够借助风力或苗木携带进行远距离传播
生活习性	小爪螨一般在叶片表面栖息为害，气候干旱时，转移到叶背为害。以两性生殖为主，也能营孤雌生殖。卵多散产于叶表面主脉两侧，每雌一生可产卵数十粒至百余粒。雌螨寿命为10～30天，小爪螨个体发育速率与温、湿度关系密切，25～30℃最适于生长发育。夏季完成1代仅需10～15天

防治适期 参照叶螨。

防治措施 参照叶螨。

PART 3

绿色防控技术

农作物病虫害绿色防控，是在有害生物综合治理（IPM）理论基础上发展而来的，主要解决单一依靠化学防治出现的问题，涵盖了生态学、经济学、社会学，一是以充分发挥自然因素（包括作物自身的耐害、补偿能力，天敌等）对害虫的控制作用，二是选择运用防治措施要因地制宜，讲求实效，节省工本，以达到最佳防治效果，获得最大的经济效益；三是所采取的措施，要考虑社会效益，最大限度地减少化学农药对环境的影响，以达到社会长期持续稳定发展的目的。简单的可以概况为在遵循“预防为主，综合防治”的植保方针上，以确保农业生产、农产品质量和农业生态环境安全为目标，以减少化学农药使用为目的，优先采取生态控制、生物防治和物理防治等环境友好型技术措施控制病虫为害的行为。

枇杷果园病虫害绿色防控将遵循“预防为主、综合防治”植保方针和“公共植保、绿色植保”的植保理念，从果园生态系统整体出发，以农业防治为基础，积极保护利用自然天敌，恶化病虫的生存条件，提高枇杷抗病虫能力，在必要时科学、合理、安全地使用农药，将病虫为害损失降到经济阈值之下，同时满足农产品农药残留控制在国家规定允许范围内。

植物检疫

植物检疫是国家为了防止危险性的病原物、害虫、杂草等从一个地区传播到另一个地区，制定法规，对调运的植物、植物产品进行检疫检验。植物检疫是“防”的主要手段，通过实施检疫，把好关口，保证农业生产安全，可谓检疫不严，后患无穷。

植物检疫可分为对外检疫和国内检疫两类。对外检疫又包括进口检疫和出口检疫，由国家在对外港口、国际机场以及其他国际交通要道设立专门的检疫机构，对进出口及过境物资、运载工具等进行检疫和处理，其目的主要是防止国内尚未发现或虽有发现但分布不广的有害生物随植物及其产品输入国内，以保护国内农业生产，同时也是履行国际义务，按输入国的要求，禁止危险性病、虫、杂草自国内输出，以满足对外贸易的需要，维护国际信誉。

国内检疫由各省（自治区、直辖市）农业农村厅（局）内的植物检疫机构会同交通、邮政及有关部门，根据政府公布的国内植物检疫条例和检

疫对象，执行检疫，采取措施，防止国内已有的危险性病、虫、杂草从已发生的地区蔓延扩散，甚至将其消灭在原发地。国家相继出台了《中华人民共和国植物检疫条例》《植物检疫条例实施细则》等植物检疫法规。法规规定，种子、苗木等繁殖材料和其他植物、植物产品在调运出县境时，必须经过检疫合格办理《植物检疫证书》后，才能调运。

具体规定为：枇杷种苗繁育单位或个人必须有计划地在无植物检疫对象分布的地区建立种苗繁育基地，在调出枇杷苗木前，调出单位或个人到所在的县级植物检疫机构申请检疫，经检疫合格办理《植物检疫证书》后才能调运。

从省内县级行政区域外调进枇杷苗木的，必须经调出地检疫部门检疫合格办理《植物检疫证书》后，才能持证调运入境。如果枇杷苗木要调到省外，还要事先与省外联系，由省外植物检疫机构办理《植物检疫要求书》明确该省或区域补充检疫对象后，再到当地有省间调运检疫签证权的植保植检站申请检疫。从省外调进枇杷苗木的，调运前要先征得本省植物检疫机构的许可，办理《植物检疫要求书》，交省外植物检疫机构申请检疫，检疫合格办理《植物检疫证书》后才能调进。如桑白盾蚧就被贵州省列入该省的补充检疫对象，在调运枇杷苗木时，不得携带桑白盾蚧。

农业防治

农业防治技术主要指从植株繁殖材料选育开始，从栽培技术入手，使植株生长健壮，并为营造有利于天敌生物生存繁衍、不利于病虫发生的生态环境而采取的措施。主要有选用优良品种、培育健株、平衡施肥、科学的田间管理等农业措施，通过这些措施可以培育健康的土壤生态环境、改良土壤墒情，以提高植株养分供给并促进植株根系发育，从而增强植株抵御病虫害和不良环境的能力。

（1）**选用优良品种**　选用优良品种是农业防治技术中第一项措施。

（2）**选用优质种苗**　选用的种苗无检疫性有害生物，外观无癌肿病等病虫明显为害症状，色泽正常，根系完整，嫁接口愈合良好，无机械损伤。种苗选用一年生嫁接苗，株高80 ~ 100厘米，整形带芽健壮、饱满。苗木根系发达。

枇杷苗木质量标准

项目		一级苗木		二级苗木	
		一年生苗	二年生苗	一年生苗	二年生苗
根	主根数（条）	≥4	≥4	≥3	≥3
茎	根颈至顶芽高度（厘米）	≥50	≥70	40 ~ 50	≥50
	距嫁接口上2厘米处粗（厘米）	≥0.8	≥1.0	0.6 ~ 0.8	≥0.8
叶	叶数（张）	≥8	≥12	6 ~ 8	≥8

（3）**合理浇灌和排水**　枇杷根量少且浅，不仅需水量较大，且对土壤通透性要求高，喜湿润环境，但忌积水，水位过高，根部就不能下扎，会引起多种烂根病。若气候较为干旱，则应定时浇灌，可在早上或者是傍晚天气较为凉爽时浇水，浇完后覆盖草进行保湿。花芽的分化期在6 ~ 8月，正值雨水高峰期，如果园土湿度大，会阻碍花芽分化，注意及时排水。8 ~ 9月是花穗关键的生长发育期，这时若气候干旱，则需浇灌。果实采收前，田间最大持水量为60%以下时，就应进行灌溉，在田间最大持水量达到饱和并持续48小时的情况下，容易造成裂果和其他病害，提倡起垄栽培。

（4）**科学施肥**　枇杷是四季常青的果树，枝叶茂盛，繁花似锦，对肥料的需求量也要比一般的落叶果树大。施肥中，氮、磷、钾三元素要搭配好，才能保证枇杷的丰产和优质。

施肥一般结合树龄、生长特性及土壤肥力进行，幼树一年施肥5 ~ 6次，掌握“量少勤施”原则，每隔2个月左右施1次，以腐熟水肥和速效氮肥轮换施用。在土壤肥力好的区域，结果树一年需施肥3 ~ 4次，在土壤肥力差的区域，结果树一年需施肥5 ~ 6次。据洪艳梅（2018）报道，在表土浅山地种植的壮年枇杷树（十五至二十年生），氮施用量为187.5 ~ 225.0千克/公顷，磷施用量为150.0 ~ 187.5千克/公顷，钾施用量为187.5 ~ 225.0千克/公顷。若种植在表土较厚的平地上，可相应减少施肥量，氮施用量为150千克/公顷，磷施用量为93.8千克/公顷，钾施用

量为112.5千克/公顷。对种植在酸性土壤中的枇杷，可适当施用石灰，用来中和土壤的酸性，促进腐殖质的有效分解。

施肥须按《肥料合理使用准则 通则》(NY/T 496) 的规定执行。商品肥必须是经农业行政主管部门登记的产品。农家肥应经发酵腐熟，蛔虫卵死亡率达96%～100%，无活的蛆、蛹或新羽化的成蝇。提倡平衡施肥。微生物肥料中有效活菌数量必须符合《微生物肥料》(NY/T 227) 规定。

(5) **冬季清园** 冬季病虫害也进入越冬期，此时要进行冬季清园工作，要采用“剪、刮、涂、清、翻、药”等措施，以降低果园病虫害基数，达到减少翌年病虫害发生。

冬季清园

剪：主要指剪除病虫枝，结合冬季修剪，剪除带虫孔、虫卵和发病枝条，对剪除的枝条同落叶、僵果及时清出果园，并作无害化处理。

刮：主要指刮除病虫为害部位皮层，针对主干及分枝上被病虫为害的部位，用刀刮除，特别是介壳虫等病虫害发生重的区域，同时去除粗皮、翘皮，可以杀灭藏在其中的越冬螨等害虫。刮除时应掌握好力度，深度应控制在1～2毫米，尽量不伤及树干木质部，刮除后的粗皮、翘皮、病皮应全部带出果园作无害化处理。

清：主要指清理果园，包括冬季机械除草以及清理落果地叶、枝以及僵果等，通过这些措施，最大限度减少果园中越冬病虫害基数，减轻翌年病虫害的发生。

翻：指深翻土壤，清理果园后至土壤封冻前，结合施肥将枇杷植株周围的树冠下深翻20～30厘米，同时结合灌水改变土壤的环境条件，破坏梨小食心虫、金龟子等害虫越冬场所，减少越冬虫源。

药：对刮除的病斑部位进行药剂涂抹，如赤衣病、白纹羽病等病部刮除后，选用代森锌等广谱性杀菌剂按推荐剂量进行涂抹，根据果园上年病虫害实际发生情况，选择相应的药剂进行喷雾处理，直接杀灭枝干表面及树皮表层定殖的病菌和越冬害虫。

(6) **人工去除病枝、虫体**　在植株生长期间，发现病、虫枝时，人工刮除病部或剪除病枝、虫枝、病果，并带出园外无害化处理，此方法可有效减轻介壳虫、天牛、褐腐病等病虫害的发生为害。在天牛发生为害时，及时用细钢丝顺蛀道钩杀天牛幼虫。

理化诱控

理化诱控是指利用害虫的趋光、趋色、趋化等特性，通过灯光、色板、昆虫信息素、食物源诱剂等诱集并杀灭害虫的控害技术。

(1) **色板诱集**　利用昆虫的趋色性，制作带有黏性色板，在害虫发生前至发生期内诱集害虫，一是可以发挥监测功能；二是直接消灭害虫，习性相近的昆虫对颜色有相似的趋性，如叶蝉趋绿色、黄色，蚜虫趋黄色，夜蛾科害虫趋土黄色、褐色，为了提高对靶标害虫诱集效果，可将靶标害虫性信息素或植物源信息素混配的诱剂与色板组合。

具体做法：4～7月在每棵树的树体中部挂一张黄色粘虫板，诱杀蚜虫、木虱等有翅成虫。色板1个月更换1次，直至果实采收结束。

(2) **食物源诱剂诱杀**　利用梨小食心虫的趋化性，在枇杷果园内放置糖醋诱剂，诱杀梨小食心虫成虫。

推荐配方：红糖：醋：白酒：水＝1：4：1：16，加少量敌百虫。

色板诱集

制作方法：生产上一般用废弃的塑料矿泉水瓶，在瓶壁上部由下往上开2 ～ 3个口，口一般宽3 ～ 5厘米，长4 ～ 8厘米，具体视矿泉水瓶大小而定，下部盛装食物源诱剂。

挂置方法：挂置高度一般为树冠的中层位置，挂置密度一般为3棵树挂置1个诱集瓶，每7天更换1次诱剂，遇大雨立即更换。

（3）**杀虫灯诱杀**　利用害虫对不同波长、波段光的趋性进行诱杀，该方法能够有效控制鳞翅目、鞘翅目等多种害虫。从安全角度出发，提倡安装太阳能频振式杀虫灯。

①频振式杀虫灯。利用电源式频振式杀虫灯或太阳能频振式杀虫灯控制天牛、枇杷瘤蛾等多种害虫。

主要诱杀时间：4 ～ 9月。

安装方法：电源式频振式杀虫灯平地果园3公顷（山地果园2公顷）安装1台，太阳能频振式杀虫灯平地果园6公顷（山地果园5公顷）安装1台。

②太阳能自控多功能高效害虫诱捕器（宫灯型）。诱虫原理是将害虫的趋色、趋光、趋化等习性融为一体，并通过风吸式原理，最大化诱集害虫，这种诱捕器可针对不同的主要靶标生物调节相应的光波长、波段，从而尽量减少对益虫的捕获，对双翅目、鞘翅目、鳞翅目、膜翅目、直翅目等害虫诱集效果佳，且外形美观，非常适宜果园使用。

主要诱杀时间：4 ～ 9月。

安装方法：根据果园实际情况，可分为棋盘式、闭环式和“之”字形布局，单盏有效作用面积为1公顷，两盏诱捕器间间距在100 ～ 120米。

太阳能自控多功能高效害虫诱捕器

（4）**昆虫性信息素诱控** 昆虫化学信息素是生物体之间起化学通信作用的化合物的统称，也是昆虫交流的化学分子语言，在化学信息素中，性信息素是人类了解和使用最多的，也是目前在监测和防控中使用最广泛的。目前在枇杷生产应用有梨小食心虫、小绿叶蝉等的昆虫性信息素，一般在害虫始期使用，每亩3 ～ 5个为宜，挂置高度距地面1.2 ～ 1.8米，1 ～ 2个月更换1次。

温馨提示

昆虫性信息素使用注意事项：一是由于性信息素高度敏感，安装前需清洁手，以免污染；二是安装前性信息素应在冰箱内保存，包装开启后尽快用完；三是在成虫羽化前悬挂诱集装置。

生物防治

生物防治是指利用有益生物或其代谢产物，来控制病虫害的发生或减轻其为害。生物防治具有对人畜安全、不污染环境、不伤害天敌的优点。保护和应用有益生物来控制病虫害是绿色防控必须遵循的一个重要原则，通过保护有益生物的栖息场所，为有益生物提供替代的充足食物，可有效维持和增加果园生态系统中有益生物的种群数量，达到自然控害的效果。近年来国内外学者把转基因抗虫、抗病基因植物也列入生物防治范畴，使得生物防治技术更加丰富，目前在枇杷生产主要的生物防治措施有如下几种：

(1) **释放天敌** 在自然界中，有许多有益生物，包括昆虫、螨类、蜘蛛、细菌、真菌等，能捕食、取食、寄生、杀灭农作物害虫和病原物，控制害虫和病害发生为害。在枇杷果园中常见的或可以利用的有益生物有瓢虫、赤眼蜂、草蛉、螳螂、捕食螨等。下面介绍几种有益生物的防控方法：

①捕食螨防治叶螨。利用捕食螨对叶螨的捕食作用，特别是对叶螨卵及低龄螨的捕食。释放时间在春天叶螨开始上树活动时，释施量为每株1袋，捕食螨数量＞1 500头/袋，袋中为捕食螨全生育期螨态，春秋各释放1次，发生严重时可增加释放2 ～ 3次。释放时把缓释袋固定在主干树杈处。

②赤眼蜂防治鳞翅目害虫。把握好释放时期，在害虫卵期内不间断有赤眼蜂成虫存在，使之能够在害虫卵上寄生，两者吻合程度越高越好，放蜂的次数应以使害虫一代成虫整个产卵期都有释放的蜂或其子代为准，以防治第一代卵为主，每株果树上挂1个卵卡，每5天放蜂1次，共放2 ～ 3次。

③瓢虫防治蚜虫。根据果园蚜虫发生规律，选择适宜时间释放，释放成虫时整袋挂置，释放幼虫时可挂置或撒施，推荐使用量为10袋/亩，挂置时将袋固定在不被阳光直射、距叶片较近的枝杈处，指示释放口向上。

释放捕食螨

释放瓢虫

（2）**推广使用生物农药** 生物农药是指利用生物活体（真菌、细菌、昆虫病毒、转基因生物、天敌等）或其代谢产物（信息素、生长素、萘乙酸钠、2, 4-滴等）针对农业有害生物进行杀灭或抑制的制剂，最大特点是极易被日光、植物或各种土壤微生物分解，是一种来于自然，归于自然正常的物质循环方式，选择性强，对人畜安全，对生态环境影响。下面介绍几种枇杷果园可以常用的生物药剂：

①苏云金杆菌（Bt）。用苏云金杆菌制成的生物制剂，主要用于防治鳞翅目害虫，最佳使用时间为卵孵高峰期至低龄幼虫期，使用剂量按照商品推荐剂量使用。

②白僵菌。一种广谱性的昆虫病原真菌，对700多种害虫都能寄生，对枇杷果树上的鳞翅目害虫有较好防效。

各种生物农药

③短稳杆菌。由奶粉、豆粉发酵后制成的生物制剂，对昆虫具有胃毒作用，对生态环境环保，主要防控梨小食心虫、大蓑蛾、双线盗毒蛾等多种害虫，目前生产使用的为100亿孢子/升短稳杆菌悬浮剂，最佳使用时间为卵孵高峰期至低龄幼虫期，一般采用喷雾施药，推荐使用剂量为500 ～ 800倍液。

④昆虫病毒。主要用于防控鳞翅目害虫，生产常见的类型为核型多角体病毒，有斜纹夜蛾核型多角体病毒、甘蓝夜蛾核型多角体病毒等。最佳使用时间为卵孵高峰期至低龄幼虫期，一般采用喷雾施药，根据不同的靶标对象使用推荐剂量。

⑤矿物油乳油。主要用于防控螨类、介壳虫等害虫，其作用机理为封闭成虫或幼虫的气孔，使其窒息直接杀虫、改变害虫取食行为间接杀虫、穿透或覆盖虫卵致死胚胎等物理作用机理来控制害虫的为害，目前生产推荐使用的99% SK矿物油乳油，根据不同的靶标对象使用推荐剂量。

生态调控

生态调控在宏观上是指依据整体观点和经济生态学原则，选择任何种类的单一或组合措施，不断改善和优化系统的结构与功能，使其安全、健康、高效、低耗、稳定、持续，同时将害虫种群数量维持在经济阈值水平以下。在枇杷园中，是指以预测预报为依据，以改善农业生态环境为着力点，破坏病虫源栖息场所，营造有益生物的生态庇护所，配合理化、生物的防治技术，以达到消除病虫源的目的。目前主要在生产推广的有果园生草技术。

果园生草包括自然生草和人工种草，自然生草是指保留果园内的自生自灭良性杂草，铲除恶性杂草。人工种草是指在果园播种豆科或禾本科植物，并定期刈割，用割下的茎秆覆盖地面，让其自然腐烂分解，从而改善果园的土壤结构。

在枇杷果园中种植白三叶、紫花苜蓿、野豌豆等植物，一是为天敌种群繁衍创造合适的栖息和生存环境，增加天敌的种类和数量，抑制果园螨害等害虫的发生；二是种植豆科植物具有较好的固氮作用，能提高土壤有机质含量，生草根系与土壤作用，形成稳定的团粒结构，从而改善土壤理

化性状，增强土壤保水、透水性；三是果园生草地面有草层覆盖，减少了地面与表土层的温度变幅，可使夏季表层土壤温度下降6 ~ 14℃，冬季提高地表温度2 ~ 3℃，有利于促进果树根系的发育。

温馨提示

应用果园生草技术注意事项：

①选择适宜的生草方式。不同区域果园生草方式应有选择，在土层厚、土壤肥沃的成龄大树果园，宜全园生草；土壤贫瘠的果园或幼树园，宜在行间生草，株间可清耕；年降水量少于500毫米又无灌溉条件的果园不宜生草。

②须配套相关技术。用果园生草生态调控技术防控病虫害必须配套其他绿色防控技术。

化学防治

在杂草防控、某种病虫害突然大面积爆发或可预测将来大面积爆发为害时无其他有效防控措施情况下，采取使用新型、低毒、低残留农药进行化学防控。

在枇杷园里施用化学农药应遵循以下几点原则：

（1）**不可替代原则** 即在某种病虫害突然大面积爆发或可预测将来大面积爆发为害时，无其他有效防控措施替代情况下，方可采取化学防控手段，果实成熟上市前30天，禁止喷施化学药剂。生产上有些果农对化学农药过于依赖，而对农业、理化、生物等防治措施应用不多，且化学农药施用不科学，不仅会造成农产品质量安全问题，也会使果园生态环境恶化，严格控制化学农药的施用势在必行。

（2）**新型、低毒、低残留化学农药原则** 在采取化学防治时，选用农药时须选用新型、低毒、低残留农药品种，杜绝选用枇杷限用农药和禁用农药，施用新型、低毒、低残留农药，可减少农药残留，以最大限度保障农产品质量安全，减轻对果园生态环境的污染，还可减轻对天敌的伤害。

(3) **遵循轮换用药原则** 在采取化学防治时要轮换用药，轮换用药最大优点是延缓和减轻有害生物抗药性的发生，同时也可以防止害虫的再猖獗。

(4) **关键时期用药原则** 在采取化学防治时，要准确把握靶标生物防控的关键时期（防治适期），例如鳞翅目、半翅目害虫化学防治适期是卵孵高峰期至低龄幼虫（若虫）期，真菌性病害防治适期是在病害发生初期，把握好防控适期，防控工作能达到事半功倍的效果，错过防控适期，化学防控也不能取得理想的防控效果。

(5) **高效喷雾药械原则** 据邵振润等（2014）报道，我国年均防治农作物病、虫、草、鼠害化学农药折纯用量在22万吨左右，而施用这些农药的药械以背负式手动喷雾器和背负式机动弥雾机为主。从施药机械方面来说，我国手动喷雾器承担了近80%的防治任务，其农药利用率一般在20%～40%，背负式机动弥雾机的农药利用率一般在30%～50%，而在果园大量使用的担架式机动喷雾机和踏板式喷雾器，由于使用喷枪喷洒而非喷雾，农药利用率不到15%。我们通常说我国目前农药利用率在30%左右，指的是针对不同作物、不同生育期、不同药械的总体平均水平而言。由此可见，在果园病虫害防控中，由于药械的落后导致化学药液的流失，不仅对严重污染生态环境，而且易引起农残超标，对农产品质量安全构成巨大的威胁。

在枇杷病虫害化学药剂防控工作中，提倡选用具有超低量喷雾、静电喷雾、控滴喷雾、生物最佳粒径等技术的喷雾药械进行防控工作，如黔霖牌便携自吸式电动喷雾机、雾星牌静电喷雾器等新型药械，与传统喷雾药械相比，这些药械喷施时药液颗粒直径在80～150μm，雾化均匀，农药吸收利用率大幅提升，不仅能够提高防治效果，而且能够降低农药使用量，从而达到减药、节水、省工的目的，在取得较好防控效果的同时也保障了农产品质量安全和生态环境安全。

附录1　禁限用农药名录

一、禁止（停止）使用的农药（46种）

六六六、滴滴涕、毒杀芬、二溴氯丙烷、杀虫脒、二溴乙烷、除草醚、艾氏剂、狄氏剂、汞制剂、砷类、铅类、敌枯双、氟乙酰胺、甘氟、毒鼠强、氟乙酸钠、毒鼠硅、甲胺磷、对硫磷、甲基对硫磷、久效磷、磷胺、苯线磷、地虫硫磷、甲基硫环磷、磷化钙、磷化镁、磷化锌、硫线磷、蝇毒磷、治螟磷、特丁硫磷、氯磺隆、胺苯磺隆、甲磺隆、福美胂、福美甲胂、三氯杀螨醇、林丹、硫丹、溴甲烷、氟虫胺、杀扑磷、百草枯、2,4-滴丁酯、氟虫胺、百草枯可溶胶剂

注：2,4-滴丁酯自2023年1月29日起禁止使用。溴甲烷可用于“检疫熏蒸处理”。杀扑磷已无制剂登记。

二、在部分范围禁止使用的农药（20种）

中文通用名	限制使用作物
甲拌磷、甲基异柳磷、克百威、水胺硫磷、氧乐果、灭多威、涕灭威、灭线磷	禁止在蔬菜、瓜果、茶叶、菌类、中草药材上使用，禁止用于防治卫生害虫，禁止用于水生植物的病虫害防治
甲拌磷、甲基异柳磷、克百威	禁止在甘蔗作物上使用
内吸磷、硫环磷、氯唑磷	禁止在蔬菜、瓜果、茶叶、中草药材上使用
乙酰甲胺磷、丁硫克百威、乐果	禁止在蔬菜、瓜果、茶叶、菌类和中草药材上使用
毒死蜱、三唑磷	禁止在蔬菜上使用
丁酰肼	禁止在花生上使用
氰戊菊酯	禁止在茶叶上使用
氟虫腈	禁止在所有农作物上使用（玉米等部分旱田种子包衣除外）
氟苯虫酰胺	禁止在水稻上使用

附录2 枇杷病虫害绿色防控农药推荐及使用方法

类别	通用名称	毒性	防治对象	用药浓度	使用方法
杀菌剂	78%波尔·锰锌可湿性粉剂	低毒	叶斑病、煤污病、轮纹病	600倍液	喷雾
	80%代森锰锌可湿性粉剂	低毒	叶斑病、煤污病、灰斑病	600倍液	喷雾
	80%代森锰锌可湿性粉剂	低毒	花腐病	500倍液	喷雾
	70%丙森锌可湿性粉剂	低毒	叶斑病、煤污病、花腐病	600倍液	喷雾
	75%肟菌·戊唑醇水分散粒剂	低毒	叶斑病、煤污病、赤锈病	3 000倍液	喷雾
	24%腈苯唑悬浮剂	低毒	叶斑病、煤污病	3 000倍液	喷雾
	43%戊唑醇悬浮剂	低毒	叶斑病、煤污病、白纹羽病	2 500倍液	喷雾
	80%炭疽福美可湿性粉剂、20%三环唑可湿性粉剂	低毒	枝干腐烂病	1 ∶ 1混合	涂抹病部
	75%百菌清可湿性粉剂	低毒	炭疽病	500 ~ 625倍液	喷雾
	40%腈菌唑可湿性粉剂	低毒	枝干腐烂病	6 000倍液	喷雾

（续）

类别	通用名称	毒性	防治对象	用药浓度	使用方法
杀菌剂	50%咪鲜胺锰盐可湿性粉剂	低毒	炭疽病	1 500倍液	喷雾
	25%丙环唑乳油	低毒	炭疽病	1 500～2 000倍液	喷雾
	25%咪鲜胺乳油	低毒	炭疽病	1 000～1 500倍液	喷雾
	25%咪鲜胺水乳剂	低毒	炭疽病	1 000～1 500倍液	喷雾
	20%溴硝醇可湿性粉剂	低毒	癌肿病	1 000倍液	喷雾、灌根
	1.5%噻霉酮水乳剂	低毒	癌肿病	1 000倍液	喷雾、灌根
	20%噻唑锌悬浮剂	低毒	癌肿病	300倍液	喷雾、灌根
	70%丙森锌可湿性粉剂	低毒	叶斑病、污叶病、轮纹病	600倍液	喷雾
	50%醚菌酯水分散粒剂	低毒	枝干腐烂病	4 000倍液	喷雾
	2%春雷毒素液剂	低毒	花腐病	500倍液	喷雾
	40%嘧霉胺悬浮剂	低毒	花腐病	1 000倍液	喷雾
	10%苯醚甲环唑水分散粒剂	低毒	花腐病、赤衣病、果实心腐病	1 500～3 000倍液	喷雾
	50%苯菌灵可湿性粉剂	低毒	疫病	800～1 000倍液	喷雾

（续）

类别	通用名称	毒性	防治对象	用药浓度	使用方法
杀菌剂	3%噻霉酮可湿性粉剂	低毒	细菌性褐斑病	1 000倍液	喷雾
	25%扑霉灵乳油	低毒	果实心腐病	2 000倍液	喷雾
	50%退菌特可湿性粉剂	低毒	赤衣病	600倍液	伤口涂抹
	50%腐霉利可湿性粉剂	低毒	白绢病	500倍液	消毒伤口
	70%噁霉灵可湿性粉剂	低毒	白绢病	2 000 ~ 3 000倍液	灌根
	50%代森铵水剂	低毒	白纹羽病	500 ~ 1 000倍液	喷雾
	5%己唑醇水乳剂	低毒	白纹羽病	1 500倍液	喷雾
	30%氧氯化铜悬浮剂	低毒	地衣和苔藓	500 ~ 600倍液	喷雾
植物生长调节剂	0.136%芸薹·吲乙·赤霉酸可湿性粉剂	低毒	增强树势，提高抗逆性	7 500 ~ 1 500倍液	喷雾、灌根
	40%乙烯利水剂	低毒	果实催熟	400 ~ 600倍液	喷雾
	40%赤霉酸可溶粒剂	低毒	果实增产	10 000 ~ 20 000倍液	喷雾
杀虫剂	25%灭幼脲悬浮剂	低毒	夜蛾科、刺蛾科、毒蛾科、蓑蛾科	4 000 ~ 5 000倍液	喷雾

（续）

类别	通用名称	毒性	防治对象	用药浓度	使用方法
杀虫剂	20％虫酰肼悬浮剂	低毒	卷蛾科、刺蛾科、夜蛾科、蝉科、蓑蛾科等	13.5～20克/亩	喷雾
	1.8％阿维菌素乳油	中等毒	细蛾科、卷蛾科、舟蛾科、螨类、蚜科等	40～80毫升/亩	喷雾
	100亿孢子/升短稳杆菌悬浮剂	低毒	毒蛾科、瘤蛾科、刺蛾科、螟蛾科、蓑蛾科、舟蛾科等	600～800倍液	喷雾
	1.5％苦参碱可溶液剂	低毒	蚜科	300倍液	喷雾
	16 000国际单位/毫克苏云金杆菌可湿性粉剂	低毒	夜蛾科、蓑蛾科、瘤蛾科、卷蛾科、舟蛾科等	600～800倍液	喷雾
	400亿孢子/克球孢白僵菌可湿性粉剂	低毒	夜蛾科、刺蛾科、毒蛾科、蓑蛾科、卷蛾科、叶蝉科等	25～30克/亩	喷雾
	200国际单位/毫升苏云金杆菌悬浮剂	低毒	夜蛾科	100～150毫升/亩	喷雾
	2亿孢子/克CQMa 421金龟子绿僵菌颗粒剂	低毒	地下害虫	用5千克/亩	撒施
	100亿PIB/克斜纹夜蛾核型多角体病毒悬浮剂	低毒	夜蛾科、蓑蛾科、刺蛾科、毒蛾科、螟蛾科等	60～80毫升/亩	喷雾
	0.5％藜芦碱可溶液剂	低毒	螨类等	300倍液	喷雾

（续）

类别	通用名称	毒性	防治对象	用药浓度	使用方法
杀虫剂	1%苦皮藤素水乳剂	低毒	蛾类、蝽科等	300倍液	喷雾
	1.5%苦参碱可溶液剂	低毒	蚜科	300倍液	喷雾
	70%吡虫啉水分散粒剂	低毒	蚜科、木虱科、粉虱科等	3 000倍液	喷雾
	10%噻嗪酮乳油	低毒	粉虱科	2 000 ~ 3 000倍液	喷雾
	80%敌敌畏乳油	中等毒	天牛科、木蠹蛾科	50 ~ 100倍液	用棉球蘸药液后塞入虫孔并封堵
	20%辛·阿维菌素乳油	中等毒	天牛科	5 ~ 10倍液	涂抹
	22.4%螺虫乙酯悬浮剂	低毒	介壳虫等	4 000 ~ 5 000倍液	喷雾
	60克/升乙基多杀菌素悬浮剂	低毒	梨木虱	1 500倍液	喷雾
	24%螺螨酯悬浮剂	低毒	螨类等	3 000 ~ 4 000倍液	喷雾
	99% SK矿物油乳油	微毒	介壳虫、螨类等	100 ~ 200倍液	喷雾
	50%氟啶虫胺腈水分散粒剂	低毒	介壳虫、蚜科、蝽科等	5 000倍液	喷雾
	10%醚菊酯悬浮剂	低毒	叶蝉科、蚜科等	600 ~ 1 000倍液	喷雾

（续）

类别	通用名称	毒性	防治对象	用药浓度	使用方法
杀虫剂	2.5%溴氰菊酯乳油	中等毒	叶蝉科、金龟子科、刺蛾科、实蝇等	1 000～1 500倍液、2 000～3 000倍液	喷雾
	22%氟啶虫胺腈悬浮剂	低毒	木虱、煤污病、介壳虫	4 000～5 000倍液	喷雾
	90%晶体敌百虫	中等毒	叶蝉科、卷蛾科、刺蛾科、实蝇等	800～1 200倍液	喷雾
	25%噻嗪酮可湿性粉剂	低毒	叶蝉科等	1 000倍液	喷雾
	48%毒死蜱乳油	中等毒	介壳虫、叶蝉科、金龟子科等	800～1 600倍液	喷雾、灌根
	10%联苯菊酯乳油	低毒	粉虱科等	750～1 200倍液	喷雾
	20%氟苯虫酰胺水分散粒剂	低毒	卷蛾科、大蚕蛾科、夜蛾科、蓑蛾科、舟蛾科、木蛾科等	3 000倍液	喷雾
	10%阿维·氟酰胺悬浮剂	低毒	卷蛾科、卷蛾科、大蚕蛾科、夜蛾科、蓑蛾科、舟蛾科、毒蛾科、木蛾科、瘤蛾科等	1 500倍液	喷雾
	4.5%高效氯氰菊酯乳油	中等毒	卷蛾科、蓑蛾科、叶蝉科、蝽科、蝉科等	1 500倍液	喷雾
	1%甲氨基阿维菌素苯甲酸盐乳油	低毒	卷蛾科、大蚕蛾科、夜蛾科、毒蛾科、蓑蛾科、毒蛾科、柑橘小实蝇、舟蛾科、木蛾科、瘤蛾科、蝉科、蝽科等	1 000～1 500倍液	喷雾
	2.5%溴氰菊酯乳油	中等毒	蝽科、蚜科、蓑蛾科、柑橘小实蝇、螟蛾科等	1 000～1 500倍液、2 000倍液	喷雾

（续）

类别	通用名称	毒性	防治对象	用药浓度	使用方法
杀虫剂	52.25%氯氰·毒死蜱乳油	中等毒	叶甲科、木虱科、介壳虫等	1 500 ～ 2 000倍液	喷雾
	5%毒死蜱颗粒剂	中等毒	金龟子科等	1 000 ～ 2 000克/亩	喷洒地表
	5%辛硫磷颗粒剂	低毒	金龟子科等	1 000 ～ 2 000克/亩	喷洒地表
	50%辛硫磷乳油液	低毒	柑橘小实蝇	400 ～ 600倍液	喷洒地表
	10%氯氰菊酯乳油	中等毒	螟蛾科	3 000倍液	喷雾
	10%虫螨腈悬浮剂	低毒	灰蝶科	1 500倍液	喷雾
	24%螺螨酯悬浮剂	低毒	螨类	3 000倍液	喷雾

附录3　果树上推荐药械——便携自吸式电动喷雾机 ···

便携自吸式电动喷雾机是一款新型喷雾药械，小巧、轻便、可随身携带，不受场地距离限制便可从药液容器内采用塑料水管吸取药液，通过牵管进行喷射。具有高效、精准、省工、省时、省药液、操作简易等诸多优点。

(1) 药械小巧、轻便，整机2.5千克，可随身携带.

(2) 作业距离远，续航时间强，输送药液300米左右，充电后可续航4 ～ 15小时。

(3) 喷头孔径为0.5毫米，雾滴直径为100微米左右，流量每分钟小于0.3升，药液雾化效果好，药液附着在植物叶片上不易滑落，提高农药利用率。

(4) 农药减量显著,20升药液使用低容量细雾单喷头可作业果园2 ～ 3亩，使用低容量细雾双喷头可喷1 ～ 1.5亩。

(5) 使用高级滤网：可有效过滤渣滓，防止喷头堵塞。

(6) 伸缩式多功能节水连接碳素喷杆采用碳素材质、手感轻盈、结实耐用，可根据作物和靶标自主调节长短。

便携自吸式电动喷雾机

附录4 枇杷生产管理月历

适用区域：贵州省　　主要品种：红肉种　　栽培模式：露地栽培

月份（主要物候期）	主要病虫害防治		主要栽培管理		备注
	主控对象	药品选择与用药方案	土肥水管理	树体管理	
春梢萌动期 终花期至幼果期 （1～2月）	越冬病虫害及冬季低温冻害	用99% SK矿物油+芸薹·吲乙·赤霉酸，混合后对树体进行均匀喷雾（药剂使用浓度及方法详见正文，下同）	1.施肥　幼树2月下旬第一次撒施复合肥，用量0.1～0.2千克/株；成年树1月中旬至2月下旬撒施复合肥和有机肥，用量分别为2.45～3.85千克/株、2.45～3.85千克/株，施后灌水（下同） 2.深翻扩穴　宽30～40厘米、深40～50厘米。次年扩穴基础上外扩20～30厘米，直至全园深翻完毕（下同）	1.果园清园　结合修剪剪除病虫枝条，同枯枝落叶清理出园外销毁 2.抗冻防寒　树干涂白、搭建防冻伞、喷防冻剂、及时套袋、树盘灌水、果园夜间增温等，设施栽培可以显著降低冻害程度 3.疏果　中晚熟果地区2月下旬开始疏果	罗甸、兴义等地区热量条件好，1～2月即进入春梢萌动期

（续）

月份（主要物候期）	主要病虫害防治		主要栽培管理		备注
	主控对象	药品选择与用药方案	土肥水管理	树体管理	
春梢萌动期 果实膨大期至转色期（3～4月）	病害：叶斑病、炭疽病、煤污病、轮纹病等 虫害：蚜虫、介壳虫、梨木虱、桃蛀螟等	病害：在新生叶长出后，可喷施腈苯唑或戊唑醇+氟啶虫胺腈或吡虫啉或乙基多杀菌素等防治 虫害：介壳虫发生重的果园可以喷施螺虫乙酯或SK矿物油，全园设置黑光灯或害虫诱捕器诱杀桃蛀螟等	1.施肥　幼树3月下旬第二次撒施复合肥，用量0.1～0.2千克/株；成年树3月上旬（早熟）、3月下旬（中晚熟）第二次环状沟施高钾复合肥和有机肥，用量分别为1.75～2.75千克/株、5.25～8.25千克/株 2.果园生草　选择豆科绿肥植物	1.幼树整形　以自然开心形树形为主。定干高度45～55厘米，树高2.5～3.0米 2.树体改造　对种植15年以上或长期不修剪失管的果园，树体高大、密度过大果园，外围结果、内膛空虚的果园，在3～4月或采果后进行剪锯重发或高接换种，注意拉平主枝并及时抹除多余萌蘖 3.早熟果采收	新建果园建议密度（3.5～4.0）米×（5.0～6.0）米（30～35株/亩）
果实成熟期至夏梢生长期（5～6月）	病害：日灼病、裂果病等 虫害：鞘翅目害虫及梨小食心虫、桃蛀螟等鳞翅目害虫	病害：果皮转淡绿色时，喷施1次乙烯利，有预防裂果和促进早熟的作用 虫害：及时设置梨小食心虫、桃蛀螟等引诱剂进行诱杀，利用黑光灯或害虫诱捕器诱杀鞘翅目、鳞翅目害虫成虫	1.施肥　幼树5月下旬第三次撒施复合肥，用量0.1～0.2千克/株；成年树5月上旬到采果结束前重施第三次肥，环状沟施农家肥7.0～11千克/株和有机肥10.5～16.5千克/株 2.深翻扩穴　5月中旬至6月中旬，结合施肥进行，宽30～40厘米、深40～50厘米	1.中晚熟果适时采收 2.采后修剪　对采果后植株根据结果树树势进行短截修剪。修剪原则为“树势强剪旺枝，树势弱剪果柄” 3.培养夏梢	5～7月是夏梢抽发的重要时期，夏梢是形成结果母枝的重要枝条

（续）

月份（主要物候期）	主要病虫害防治		主要栽培管理		备注
	主控对象	药品选择与用药方案	土肥水管理	树体管理	
夏梢抽发末期（7月上旬） 花芽分化期至秋梢萌发期（7～8月）	病害：枝干腐烂病、叶斑病、煤污病等 虫害：介壳虫、天牛、金龟子、毒蛾、刺蛾、木蠹蛾等	病害：选用醚菌酯或腈菌唑或肟菌·戊唑醇等 虫害：介壳虫发生重的喷施螺虫乙酯或SK矿物油 在树干或枝条发现有虫粪，可用铁丝，钩杀蛀入植株内的天牛、木蠹蛾幼虫；在毒蛾、刺蛾等幼虫为害初期，用球孢白僵菌、斜纹夜蛾核型多角体病毒等生物农药，或阿维·氟酰胺、甲氨基阿维菌素苯甲酸盐等低毒化学药剂，利用黑光灯或害虫诱捕器诱杀鳞翅目、鞘翅目等害虫	1.幼树施肥　7月下旬，第四次环状沟施复合肥，用量0.3～0.6千克/株 2.施促花肥　8月中旬至9月中旬，第四次撒施复合肥和有机肥，用量分别为1.05～1.65千克/株、2.45～3.85千克/株。同时，叶面肥喷施0.1%硼砂+0.2%尿素液或0.01%钼酸铵液，促进花芽分化 3.深翻扩穴：8月中旬至9月中旬，方法同上	1.抹芽控梢　7月中下旬后，抹除结果后新发多余芽。抹芽原则“结果枝留2个枝芽，未结果枝留2条小枝” 2.留早抹晚　从夏梢或春梢抽生秋梢，要保留早秋梢、抹除部分晚秋梢 3.分类修剪　对旺树多花类的，回缩短截；对健树少花类的，剪去部分衰弱枝；对弱树多花的，将结果枝剪除，新梢应留强去弱；对弱树少花的，衰弱枝组回缩短截；对无花少花的，在春季进行更新修剪，不宜夏剪	

（续）

月份（主要物候期）	主要病虫害防治		主要栽培管理		备注
	主控对象	药品选择与用药方案	土肥水管理	树体管理	
秋梢生长期至开花期（9～10月）	病害：花腐病、枝干腐烂病等 虫害：中国梨木虱、介壳虫、天牛、毒蛾、刺蛾、木蠹蛾等	病害：开花初期，可喷施春雷霉素、嘧霉胺或苯醚甲环唑等进行防治 虫害：在梨木虱若虫孵化盛期选用氟啶虫胺腈、吡虫啉或乙基多杀菌素等，其余同7～8月	1.施肥　幼树9月中旬第五次撒施复合肥，用量0.1～0.2千克/株；成年树10月下旬至11月下旬第五次撒施复合肥和有机肥，用量分别为0.7～1.1千克/株、1.05～1.65千克/株，可混合过磷酸钙或石灰1.0～1.5千克/株 2.中耕松土　全园中耕一次，以深10～20厘米为宜 3.深翻扩穴　10月下旬至11月下旬，结合施肥进行，宽30～40厘米、深40～50厘米。果园封行后，每年此时行间开条沟，结合施肥进行一次即可	1.修剪整形　9月下旬缩剪。对结果枝留2个枝芽的枝干，保留其基部叶片3～4片短截；对抹芽控梢中留2条小枝的枝干，留一枝用于来年结果，另一枝进行短截 2.疏花疏穗　无晚霜地区，10月下旬开始疏花疏穗。初结果树留穗量占全树枝梢的30%～40%，成年树根据树势留穗量占全树枝梢的30%～70%。对于单个花穗，疏除花穗基部和上部发育不良的枝穗，保留中间3～4个枝穗并短截。有晚霜地区，不开展或适度开展疏花疏穗工作	1.头花花期（8月下旬至9月上中旬） 2.二花花期（9月下旬至10上中旬） 3.三花花期（10月下旬至12月中旬）

（续）

月份（主要物候期）	主要病虫害防治		主要栽培管理		备注
	主控对象	药品选择与用药方案	土肥水管理	树体管理	
冬梢萌发期（11上中旬至12月） 盛花期至幼果期（11～12月）	病害：花腐病、枝干腐烂病等 虫害：梨木虱等	病害开花初期，可喷施春雷霉素、嘧霉胺或苯醚甲环唑等进行防治 虫害：在梨木虱若虫孵化盛期选用氟啶虫胺腈或吡虫啉、乙基多杀菌素等	1.施肥　幼树11月中旬第六次施肥，环状沟施复合肥0.3～0.6千克/株；成年树12月中旬第六次施肥，环状沟施复合肥0.3～0.6千克/株和有机肥1.05～3.85千克/株 2.加施肥　第一次疏果后喷施高钾叶面肥；第二次疏果后喷施钙素营养液	1.疏花操作　在花穗15厘米长度时，疏去每株总花穗量的40%，留下强壮的早花穗和中早花穗 2.二次疏果　中晚熟地区清除干残花，亮出果实；早熟地区果实直径达到0.5～1.0厘米时开始疏果。一般疏2次果，第一次每穗保留5～6个果，间隔15天后进行第二次疏果，因品种不同，每个穗轴保留2～4个果 3.早熟地区果实套袋 4.冬梢处理　冬季温暖地区幼旺树抽生的冬梢可以保留，结果少的树抽生的冬梢要抹除	1.头花花期（8月下旬至9月上中旬） 2.二花花期（9月下旬至10上中旬） 3.三花花期（10月下旬至12月中旬）

主要参考文献

蔡平，包立军，相入丽，等，2005. 中国枇杷主要病害发生规律及综合防治[J]. 中国南方果树，34 (3): 47-50.

蔡如希，刘绍斌，1992. 枇杷巨锥大蚜的初步研究[J]. 植物保护学报，19 (3): 2.

蔡斯明，2007. 枇杷瘤蛾的生物学特性及其防治研究[J]. 佛山科学技术学院学报（自然科学版），25 (5): 64-68.

陈福如，陈元洪，杨秀娟，等，2003. 枇杷害虫发生与防治技术研究[J]. 华东昆虫学报，12 (1): 66-70.

陈福如，杨秀娟，2002. 福建省枇杷真菌性病害调查与鉴定[J]. 福建农业学报，17 (3): 151-154.

陈国贵，曹若彬，1988. 枇杷灰斑病病原菌的鉴定[J]. 植物病理学报，18 (4): 209-212.

陈顺立，李友恭，黄昌尧，1989. 双线盗毒蛾的初步研究[J]. 福建林学院学报，9 (1): 1-9.

陈顺秀，庞正轰，杨振德，等，2012. 我国苹掌舟蛾研究进展[J]. 广西科学院学报，28 (3): 207-211.

陈元洪，郑琼华，黄玉清，等，2003. 福建枇杷5种新害虫的初步研究[J]. 武夷科学，12 (19): 63-65.

戴芳澜，1979. 中国真菌总汇[M]. 北京：科技出版社.

樊美丽，张任凡，王锦涛，等，2015. 枇杷冻害及其抗冻栽培研究进展[J]. 北方园艺，(7): 176-180.

方中达，1998. 植病研究方法[M]. 北京：中国农业出版社.

傅丽君，赵士熙，戴小华，2005. 枇杷园梨小食心虫发生与防治研究[J]. 江西农业大学学报，27 (3): 425-428.

高存劳，王小纪，张军灵，等，2002. 草履蚧生物学特性与发生规律研究[J]. 西北农林科技大学学报（自然科学版），30 (6): 147-150.

高日霞，陈景耀，2011. 中国果树病虫原色图谱（南方本）[M]. 北京：中国农业出版社，69-82.

郭腾达，宫庆涛，叶保华，等，2019. 桔小实蝇的国内研究进展[J]. 落叶果树，51 (1): 43-46.

洪艳梅，2018. 枇杷栽培要点[J]. 中国果菜，38 (3): 64-65.

瞿付娟，窦彦霞，肖崇刚，等，2006. 枇杷花腐病病原物的初步鉴定[J]. 植物保护，34 (1): 119-122.

李小霞，肖仲久，章同平，2012. 贵州枇杷炭疽病病原菌的鉴定及rDNA-ITS序列分析[J]. 中国森林病虫，31 (2): 7-10.

李云瑞, 2002. 农业昆虫学[M]. 北京: 中国农业出版社.

梁侃, 2014. 桑天牛的生物学特点及其防治技术概述[J]. 生物灾害科学, 37 (1): 98-100.

林雄杰, 王贤达, 范国成, 等, 2016. 枇杷心腐病病原菌鉴定及其防治药剂室内毒力测定[J]. 植物保护学报, 43 (5): 828-835.

刘友接, 张泽煌, 蒋际谋, 等, 2001. 枇杷幼果冻害调查[J]. 福建果树 (1): 21-22.

鲁海菊, 沈云玫, 陶宏征, 等, 2017. 内生木霉P 3.9菌株的多功能性及其枇杷根腐病的盆栽防效[J]. 西北农业学报, 26 (11): 1681-1688.

陆家云, 1997. 植物病害诊断[M]. 北京: 中国农业出版社.

吕佩珂, 高振江, 张宝棣, 等, 1999. 中国经济作物病虫原色图鉴[M]. 呼和浩特: 远方出版社.

马恩沛, 沈兆鹏, 陈熙雯, 等, 1984. 中国农业螨类[M]. 上海: 上海科学技术出版社.

邱强, 1994. 原色桃、李、梅、杏、樱桃图谱[M]. 北京: 中国科学技术出版社.

汤金荣, 董少奇, 李为争, 等, 2020. 寄主植物对桃蛀螟生长发育及产卵选择行为的影响[J]. 生态学报, 40 (5): 1-7.

王穿才, 胡小三, 2010. 枇杷瘤蛾生活习性、发生规律及寄生性天敌的观察研究[J]. 中国植保导刊, 30 (1): 24-27.

王荔, 张雪, 黄旭明, 等, 2019. 枇杷皱皮果发生规律及其防治方法[J]. 浙江农业学报, 31 (12): 2019-2024.

魏景超, 1979. 真菌鉴定手册[M] . 上海: 上海科技出版社.

伍律, 金大雄, 郭振中, 等, 1987. 贵州农林昆虫志[M]. 贵阳: 贵州人民出版社.

谢琦, 张润杰, 2005. 桔小实蝇生物学特点及其防治研究概述[J]. 生态科学, 24 (1): 52-56.

杨若鹏, 郑肖兰, 田学军, 等, 2012. 云南蒙自枇杷根腐病植株根际土壤真菌多样性研究[J]. 热带农业科学, 32 (12): 70-74;

袁锋, 张雅林, 冯纪年, 2006. 昆虫分类学第二版[M]. 北京: 中国农业出版社.

张连合, 2010. 大蓑蛾的鉴别及发生规律研究[J]. 安徽农业科学, 38 (16): 8499-8500.

张秀龙, 孙兴全, 夏如铁, 等, 2003. 枇杷黄毛虫生物学特性及其防治[J]. 上海交通大学学报, 21 (3): 242-245.

钟觉民, 1985. 昆虫分类图谱[M]. 南京: 江苏科学技术出版社.